Avant-propos

Cette édition, basée sur mon livre « Physique appliquée : électronique », s'adresse aux étudiants et aux professionnels. Elle se veut être un accompagnement indispensable dans leur travail actuel et à venir.

Table des matières

1 Conversions tension↔courant

1.1 Convertisseurs tension-courant

Ce sont des circuits qui convertissent une source de tension (d'une résistance de Thévenin faible) en une source de courant (d'une résistance de Norton très grande) proportionnel à cette tension. La figure 1 représente un tel circuit.

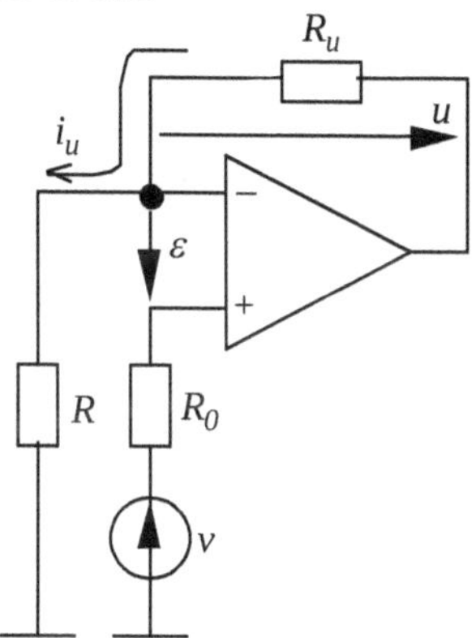

Fig. 1 Convertisseur tension-courant non inverseur

La charge R_u est flottante (non liée à la masse). Si l'amplificateur opérationnel est idéal et fonctionne en régime linéaire, ses courants d'entrée et la tension ε sont nuls. Le courant i_u à travers la charge passe entièrement par la résistance R. Il est égal à $\frac{v}{R}$ parce que la chute de tension sur la résistance R_0 est nulle, $\varepsilon = 0$ et la tension sur R est égale à v :

$$i_u = \frac{v}{R}. \quad (1)$$

Il est bien proportionnel à la tension v et ne dépend pas de la tension sur la charge. Par rapport à la charge, le montage est équivalent à un générateur de Norton i_u-ρ :

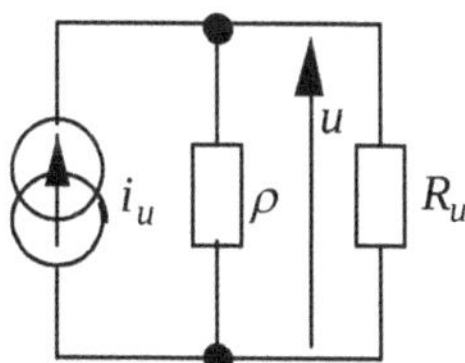

La résistance de Norton $\rho = \frac{du}{dI_u}$ (c'est une résistance dynamique) est infiniment grande parce que quand la tension u varie (de du), le courant i_u reste le même ($di_u = 0$). En réalité, elle est très grande, mais pas infiniment grande, parce que l'amplificateur opérationnel n'est pas idéal, la tension ε n'est pas nulle et varie avec u ($\varepsilon = \frac{u}{A_0}$), ce qui fait que la chute de tension sur R et en fin du compte le courant i_u dépendent légèrement de u.

La source de tension v peut être continue ou alternative. La résistance R_0 est le plus souvent sa résistance de Thévenin.

Pour que le montage fonctionne en régime linéaire, il faut éviter la saturation de l'amplificateur opérationnel :

$U^0 < v + u < U^1$, où U^0 et U^1 sont les tensions de saturation.

Le courant i_u est fourni par la sortie de l'amplificateur opérationnel. Il doit être inférieur au courant de sortie maximal I_{sc} du composant. Il peut être $\beta + 1$ fois plus grand si l'on insère un transistor en sortie de l'amplificateur :

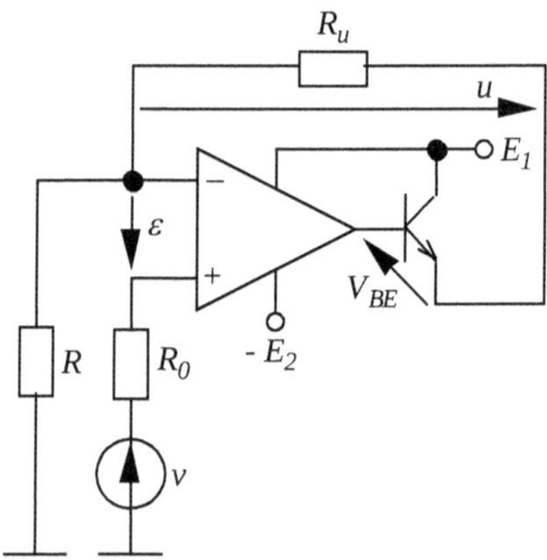

Dans ce cas, le montage sera linéaire si $U^0 < v + u + V_{BE} < U^1$ avec $V_{BE} \approx 0{,}6$ V.

Le montage est sensible aux signaux de mode commun. Ce sont les signaux (parasites dans la plupart des cas) qui arrivent aux deux entrées avec la même amplitude et la même phase. Ils changent directement la valeur du courant i_u. Le montage inverseur (voir l'exercice 1.1.5) n'a pas ce défaut car son entrée non inverseuse est à la masse et l'entrée inverseuse a elle aussi un potentiel zéro.

La figure 2 représente un *convertisseur tension-courant avec charge liée à la masse.*

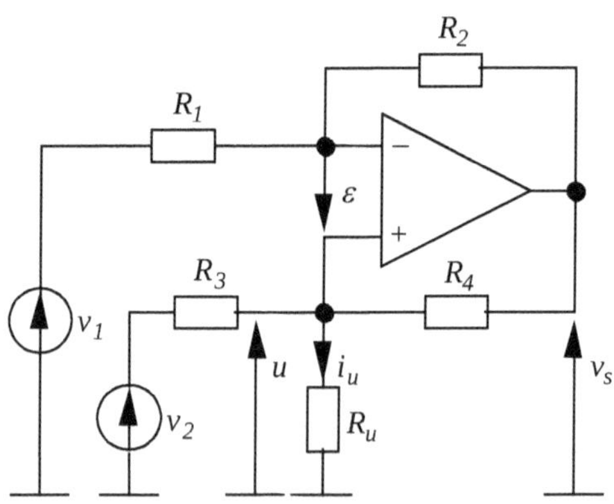

Fig. 2 Convertisseur tension-courant avec charge liée à la masse

Si l'amplificateur opérationnel est parfait et non saturé, l'application de la loi de Kirchhoff à ses entrées conduit à :

$$\frac{u - v_1}{R_1} + \frac{u - v_s}{R_2} = 0,$$

$$i_u = \frac{v_2 - u}{R_3} + \frac{v_s - u}{R_4}.$$

En éliminant v_s, on en déduit :

$$i_u = \frac{1}{R_3}v_2 - \frac{R_2}{R_1R_4}v_1 + (\frac{R_2}{R_1R_4} - \frac{1}{R_3})u.$$

Pour que ce courant ne dépend pas de la tension u, il faut que le coefficient devant u soit nul :

$$\frac{R_2}{R_1} = \frac{R_4}{R_3}. \qquad (2)$$

Sous cette condition,

$$i_u = \frac{v_2 - v_1}{R_3}. \qquad (3)$$

Vis-à-vis de la charge R_u, le circuit se comporte comme une source de courant idéale car i_u ne dépend pas de la tension u et la résistance de Norton $\rho = \frac{du}{di_u} \to \infty$. En réalité, la résistance ρ n'est pas infiniment grande, parce que l'amplificateur opérationnel n'est pas idéal et parce que la proportion 2 n'est pas exactement respectée à cause des tolérances des résistances. Il faut donc choisir des résistances de petites tolérances ou effectuer un réglage d'une d'elles.

Pour minimiser l'erreur due à la tension de décalage de l'amplificateur opérationnel, il faut que les résistances de Thévenin à ses entrées soient égales :

$$R_1 \parallel R_2 = R_3 \parallel R_4 \parallel R_u. \qquad (4)$$

Comme R_u varie, il faut choisir $R_3 \parallel R_4 << R_{umin}$, alors $R_1 \parallel R_2 \approx R_3 \parallel R_4$ et avec (2) cela donne $R_1 = R_3$ et $R_2 = R_4$.

Pour que l'amplificateur opérationnel fonctionne en régime linéaire, il faut que $U^0 < v_s < U^1$. Cette limitation est encore plus sévère pour la tension u laquelle est plus petite que v_s. La différence est minimale quand la résistance R_4 est petite. Quant aux résistances R_3 et R_1, elles doivent être grandes pour assurer des grandes résistances d'entrée pour les sources de tension v_1 et v_2. Sous ces conditions, le courant i_u doit rester inférieur à la moitié du courant de sortie maximal I_{sc} du composant.

Le courant i_u est proportionnel au signal différentiel $v_d = v_2 - v_1$. L'une des tensions v_1 et v_2 peut être nulle. Chacune d'elles peut être positive ou négative, continue ou alternative ; le courant i_u aussi.

Exercices résolus

1.1.1 Convertisseur tension-courant non inverseur à tension de décalage réduite

Pour minimiser la tension de décalage de sortie du montage de la figure 1, il faut choisir les résistances de Thévenin aux entrées de l'amplificateur opérationnel égales : $R_0 = R \parallel R_u$. Comme la résistance de la charge varie, ce n'est pas possible, surtout quand la résistance de Thévenin R_0 ou la tension v n'est pas très petite. Le montage suivant permet d'éviter ce défaut. Sous quelle condition?

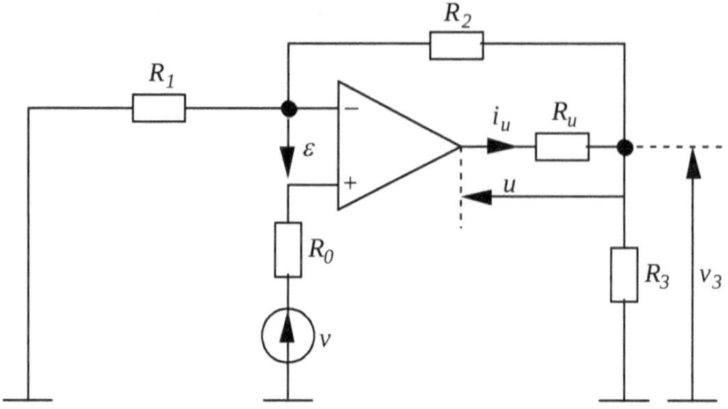

Solution

Si l'amplificateur opérationnel est idéal, les équations des nœuds sont :

$$\frac{v}{R_1}+\frac{v-v_3}{R_2}=0 \text{ et } i_s=\frac{v_3}{R_3}+\frac{v}{R_1}\text{, d'où}$$

$$i_u=\frac{R_1+R_2+R_3}{R_1R_3}v.$$

La tension de décalage de sortie sera minimale quand $R_0 = R_1 \parallel (R_2 + R_u \parallel R_3) \approx R_1 \parallel (R_2 + R_3)$ si $R_3 << R_{umin}$.

Pour que le montage soit linéaire, il faut que $U^0 < u + v_3 < U^1$. La tension u sera plus grande si v_3 est petite ; c'est une raison de plus pour choisir R_3 petite. Le choix de R_1 et R_2 est indépendant.

1.1.2 Voltmètre courant continu

Si, dans le convertisseur tension-courant de la figure 44, on substitue un milliampèremètre à la résistance R_u, on obtient un voltmètre courant continu :

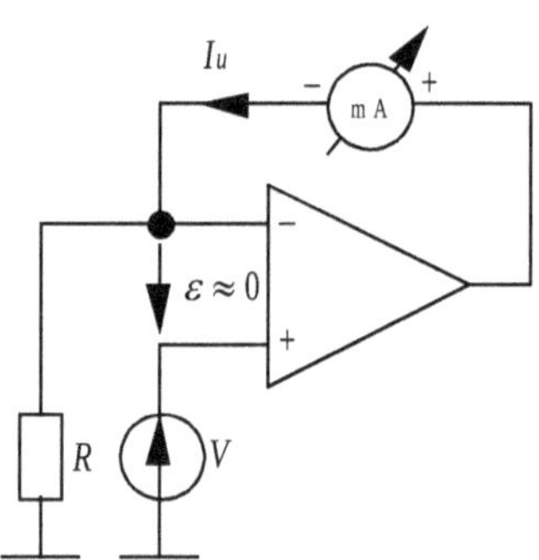

La tension mesurée est V. Elle peut être positive ou négative, à condition que le milliampèremètre ait le zéro au milieu du cadran.

a) Calculer la valeur de la résistance R pour qu'on puisse mesurer les tensions entre - 10 V et + 10 V, si le milliampèremètre est de ± 1 mA. Quelles doivent être les valeurs des tensions d'alimentation E_1 et E_2 de l'amplificateur opérationnel, si la résistance du milliampèremètre R_A = 900 Ω?

b) Comment obtenir des calibres de ± 3 V et de ± 1 V?

c) Estimer la valeur de la résistance d'entrée du voltmètre.

Solution

a) Le courant traversant le milliampèremètre est $I_u = \frac{V}{R}$ (voir (1)). Quand I_u = 1 mA, V = 10 V, d'où on calcule $R = \frac{V}{I_u}$ = 10 kΩ. Il est de même pour I_u = 1 mA et V = - 10 V.

Ce montage doit rester linéaire, ce qui signifie que le potentiel de sortie de l'amplificateur opérationnel ne doit pas atteindre la tension de saturation U^0 ou U^1 :

$U^0 < V + I_u R_A < U^1$.

Dans les cas les plus défavorables, V = 10 V et I_u = 1 mA ou V = - 10 V et I_u = - 1 mA. Alors $V + I_u R_A = \pm$ 10,9 V. Comme les tensions de saturation sont de 1 à 2 V inférieures aux tensions d'alimentation, on doit prendre $E_1 = E_2 \geq 13$ V.

b) Les valeurs de la résistance R pour les calibres ± 3 V et ± 1 V sont calculées de la même formule ($R = \frac{V_{max}}{I_{umax}}$) qui donne 3 kΩ et 1 kΩ respectivement. Pour les trois calibres, on utilisera trois résistances et un commutateur à trois positions.

c) La résistance d'entrée du voltmètre est énorme, parce que c'est un montage non inverseur (voir l'annexe A).

1.1.3 Testeur de diodes Zéner

La tension nominale V_z des diodes de Zéner et sa tolérance sont données dans les catalogues à un courant I_z faible pour éviter l'effet de l'échauffement et l'influence de la résistance r_z, mais suffisamment élevé pour éviter la zone du coude de leurs caractéristiques :

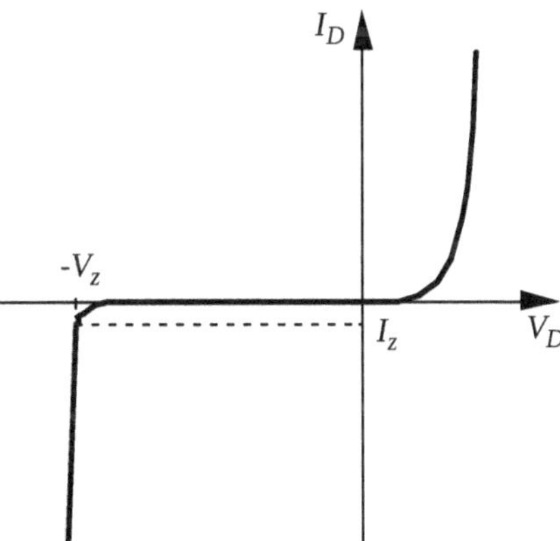

Les convertisseurs tension courant conviennent pour faire traverser les diodes de différentes tensions V_z par le même courant afin de les tester ou trier soit par le constructeur, soit par l'utilisateur. Les montages à résistance de charge liée à la masse sont à préférer parce qu'ils permettent la mesure de la tension V_z par un voltmètre CC à l'entrée liée à la masse, celui de l'exercice 1.1.2 par exemple. Le montage suivant est obtenu de celui de la figure 2 en prenant $v_1 = 0$ et $v_2 = E$ (la tension d'alimentation de l'amplificateur opérationnel). La diode de Zéner à tester est branchée à la place de la résistance R_u.

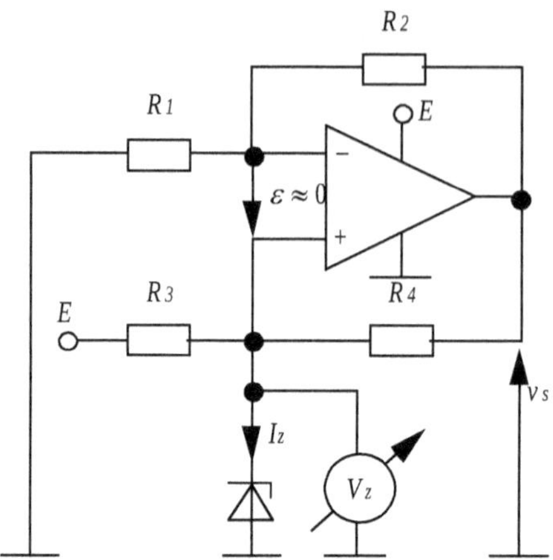

Choisir les résistances de façon que l'on puisse tester avec une maximale précision des diodes d'une tension V_z minimale et maximale possible à un courant I_z = 10 mA, si la tension d'alimentation de l'amplificateur opérationnel est E = 18 V et son courant de sortie maximal I_{sc} = 25 mA.

Solution

Le courant qui passe par la diode $I_z = \frac{v_2}{R_3}$ si $\frac{R_2}{R_1} = \frac{R_4}{R_3}$ (voir (3) et (2)), ce qui donne $R_3 = \frac{v_2}{I_z} = \frac{E}{I_z}$ = 1,8 kΩ.

Pour minimiser l'erreur due à la tension de décalage de l'amplificateur opérationnel, il faut choisir $R_3 \parallel R_4 << R_{umin}$, $R_1 = R_3$ et $R_2 = R_4$ (voir (4)). Et pour pouvoir mesurer des tensions V_z maximales possibles, il faut choisir R_4 petite. Mais il faut faire attention à ne pas surcharger la sortie de l'amplificateur opérationnel.

Calculons d'abord la résistance R_{umin}. Elle est égale à $\frac{V_{z\,min}}{I_z}$. On produit des diodes de Zéner d'une tension V_z égale ou supérieure à 2,4 V. Si l'on prend en compte la tolérance de V_z, le testeur doit pouvoir fonctionner à $V_{zmin} \approx 2$ V, ce qui donne R_{umin} = 200 Ω. Prenons R_4 = 20 Ω, $R_2 = R_4$ = 20 Ω et $R_1 = R_3$ = 1,8 kΩ. Les tolérances des résistances doivent être petites pour bien respecter la proportion 2, ou bien l'une d'elles doit être réglable (R_1 par exemple).

La tension $v_s = V_z(1 + \frac{R_2}{R_1}) \approx V_z$ ne doit pas atteindre la tension de saturation U^1 laquelle est de 1 à 2 V inférieure à E. Ce montage permet donc de tester des diodes d'une tension de 2 à 16 V (valeurs nominales normalisées de 2,4 à 15 V).

Le courant de sortie de l'amplificateur opérationnel est deux fois plus grand que celui traversant R_4 ou R_2, parce que $R_4 = R_2$ et les tensions sur elles sont égales : $i_u = 2\frac{v_s}{R_1 + R_2}$. Il est maximal quand $v_s = U^1$. On calcule $i_{umax} = 2\frac{16}{1\,800 + 20}$ = 17,8 mA, ce qui est inférieur à I_{sc} (25 mA).

Le testeur a été conçu d'une façon optimale.

1.1.4 Transmetteur du signal d'un capteur par ligne bifilaire

Dans les systèmes de contrôle des processus technologiques, les capteurs sont souvent éloignés de la station centrale. Dans ces cas, on convertit la tension en sortie du capteur en courant et on l'envoie à la station centrale par une ligne de liaison à deux fils torsadés (pour minimiser les perturbations extérieures). L'avantage de cette méthode est que la résistance de la ligne est négligeable par rapport à la résistance interne de la source de courant qu'est le convertisseur et ne change pratiquement pas la valeur du signal transmis. Un autre avantage est la possibilité d'utiliser les mêmes fils pour alimenter le convertisseur et le capteur. Pour faciliter le traitement dans la station centrale, les valeurs du courant transmis sont normalisées (de 4 à 20 mA le plus souvent).

La figure suivante représente un transmetteur de ce type qui envoie un courant de 4 à 20 mA quand la température mesurée par le capteur LM35 (de *National Semiconductor*) varie de 0 à 100 °C. La sensibilité du capteur est de 10 mV/°C, la tension V à sa sortie varie donc de 0 à 1 V. La résistance de sortie du capteur est négligeable (elle est inférieure à 0,1 Ω) et le courant qu'il consomme est inférieur à 0,1 mA.

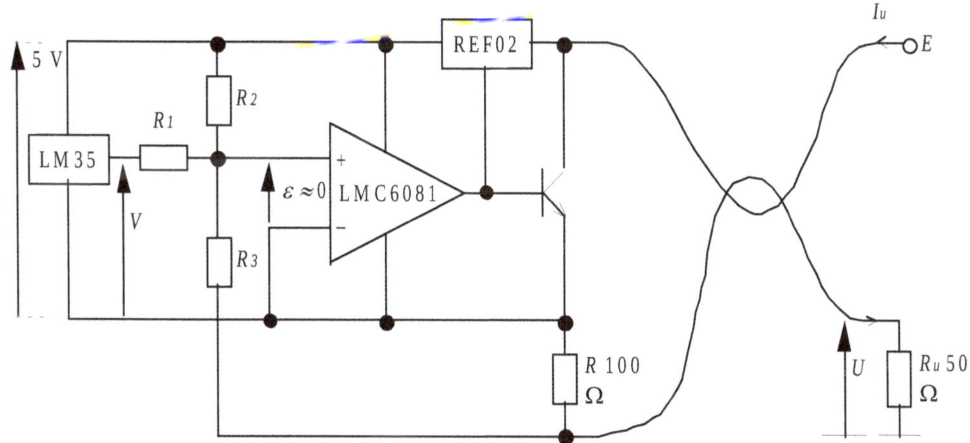

Le circuit intégré REF02 (de *Burr-Brown*) est une référence (un régulateur) de tension qui donne à sa sortie une tension stabilisée de 5 V ± 1 % quand la tension à son entrée varie de 8 à 40 V ; le courant qu'il consomme est inférieur à 1,4 mA.

L'amplificateur opérationnel LMC6081 (de *National Semiconductor*) est CMOS de précision (U_{0S} = 0,15 mV) et de faible consommation (0,75 mA) qui peut fonctionner avec une seule source d'alimentation de 4,5 à 15,5 V. Un amplificateur de précision a été choisi pour éviter le réglage de l'offset. Le courant d'alimentation du transmetteur étant fourni par la ligne, sa consommation, y compris celle du capteur, doit être inférieure à 4 mA en l'absence de signal (V = 0). C'est la raison pour laquelle des circuits intégrés de faible consommation ont été choisis.

Le transistor sert à faire passer le courant excédent le courant de consommation du transmetteur.

a) En considérant l'amplificateur opérationnel comme idéal et fonctionnant en régime linéaire, exprimer le courant I_u en fonction de la tension du capteur V.

b) Calculer les résistances R_1, R_2 et R_3 en veillant à ce que le courant de sortie du capteur LM35 ne dépasse pas 1 mA (valeur maximale jusqu'à laquelle les paramètres du capteur sont garantis par le constructeur)

c) Calculer les valeurs minimale et maximale admissibles de la tension d'alimentation E.

d) Calculer le courant de collecteur du transistor à 0 et à 100 °C, ainsi que sa puissance maximale si E = 15 V.

Solution

a) Les courants et la tension d'entrée de l'amplificateur opérationnel sont nuls. L'équation du nœud de l'entrée non inverseuse est $\frac{V}{R_1}+\frac{5}{R_2}-\frac{I_u(R\parallel R_3)}{R_3}=0$, d'où

$$I_u=\frac{1+\frac{R_3}{R}}{R_1}V+\frac{5(1+\frac{R_3}{R})}{R_2}.$$

b) Le courant de sortie du capteur $I=\frac{V}{R_1}$ est maximal quand V = 1 V. Pour qu'il ne dépasse pas 1 mA, il faut que la résistance R_1 soit supérieure à 1 kΩ. Choisissons R_1 = 3 kΩ.

Quand V = 0, I_u = 4 mA et quand V = 1 V, I_u = 20 mA. Il faut donc $\frac{5(1+\frac{R_3}{R})}{R_2}$ = 0,004 et $\frac{1+\frac{R_3}{R}}{R_1}$ = 0,016, d'où on calcule R_3 = 4,7 kΩ et R_2 = 60 kΩ.

c) La chute de tension maximale sur les résistances R et R_u est à peu près égale à $(R + R_u)I_{umax}$ = (100 + 50) × 0,02 = 3 V et la chute de tension minimale, à $(R + R_u)I_{umin}$ = (100 + 50) × 0,004 = 0,6 V. La tension d'entrée du régulateur REF02 doit être supérieure à 8 V et inférieure à 40 V. Les valeurs admissibles de E seront par conséquent 8 + 3 = 11 V au minimum et 20 + 0,6 = 40,6 V au maximum.

d) À 0 °C, V = 0 et le courant de sortie du capteur I = 0. Le courant de collecteur du transistor sera égal à I_{umin} moins les courants passant par les composants LM35, R_2, LMC6081 et REF02 :

$I_{Cmin} = 4\times10^{-3} - 0{,}1\times10^{-3} - \frac{5}{R_2} - 0{,}75\times10^{-3} - 1{,}4\times10^{-3}$ = 1,67 mA.

À 100 °C, V = 1 V, $I_u = I_{umax}$ = 20 mA et aux courants précédents s'ajoute le courant de sortie du capteur $I=\frac{V}{R_1}$ = 0,33 mA.

Le courant $I_{Cmax} = 20\times10^{-3} - 0{,}1\times10^{-3} - \frac{5}{R_2} - 0{,}75\times10^{-3} - 1{,}4\times10^{-3} - 0{,}33\times10^{-3}$ = 17,33 mA.

La puissance dissipée sur le transistor sera maximale quand $I_u = I_{umax}$:

$P_{Cmax} = (V_{CE}I_C)_{\max} = (E - I_{umax}(R + R_u))I_{Cmax}$ = (12-3) × 17,33 = 156 mW.

La puissance maximale du transistor doit être supérieure à 156 mW à la température ambiante de 100 °C.

Exercices à résoudre

1.1.5 Convertisseur tension-courant inverseur

Soit le montage :

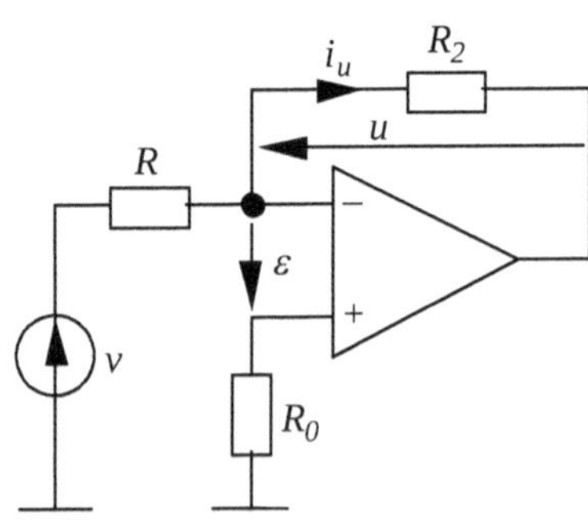

On suppose que l'amplificateur opérationnel est parfait et non saturé.

a) Prouver que le courant i_u traversant la charge R_u est proportionnel à la tension v et ne dépend pas de la tension u et de la résistance R_u.

b) Quelles sont les valeurs que la tension u ne doit pas atteindre?

c) Quelle est la valeur maximale du courant i_u? Comment peut-on l'élever?

d) Quelle est la résistance d'entrée vue par la source de tension v?

e) Écrire la condition pour que la tension de décalage de sortie soit minimale. Peut-elle être facilement satisfaite?

f) Quelle doit être la puissance de la source de tension v? Comparer avec le montage non inverseur (fig. 1).

1.1.6 Convertisseur tension-courant inverseur à tension de décalage réduite

Soit le montage suivant :

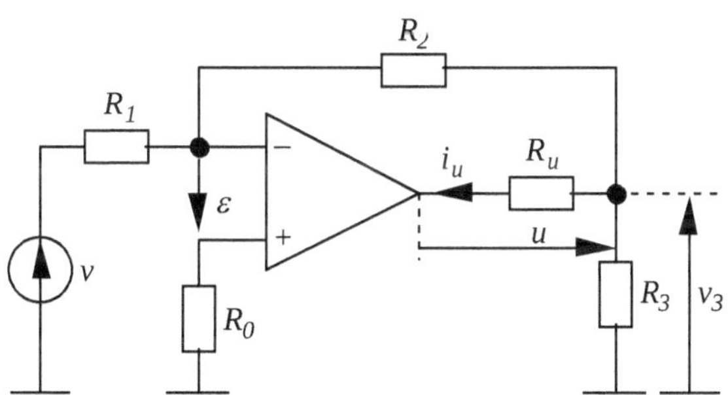

On suppose que l'amplificateur opérationnel est parfait et non saturé.

a) Prouver que le courant i_u traversant la charge R_u est proportionnel à la tension v et ne dépend pas de la tension u et de la résistance R_u.

b) Écrire la condition pour que la tension de décalage de sortie soit minimale. Comment la faire pratiquement indépendante de la résistance R_u?

c) Quelles sont les valeurs que la tension u ne doit pas atteindre?

d) Quelle est la valeur maximale du courant i_u? Comment peut-on l'élever?

e) Quelle est la résistance d'entrée vue par la source de tension v?

f) Quelle doit être la puissance de la source de tension v?

1.1.7 Convertisseur tension-courant avec charge liée à la masse amélioré

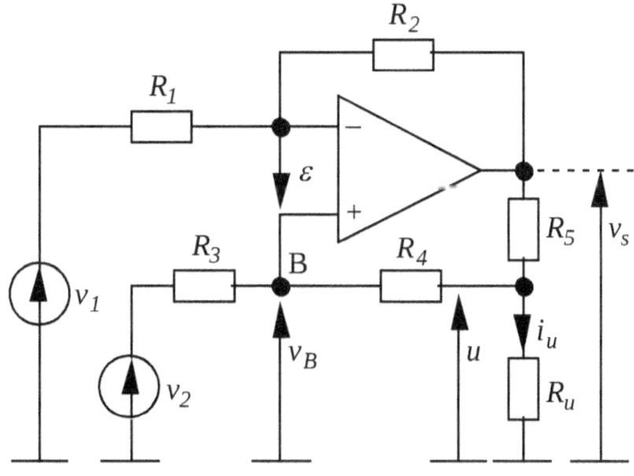

Ce circuit comporte une résistance de plus que le convertisseur de la figure 2, ce qui permet d'améliorer certains de ses paramètres.

On considère l'amplificateur opérationnel comme idéal et non saturé.

a) Prouver que $i_u = \dfrac{R_2}{R_1 R_5}(v_2 - v_1)$ quand $\dfrac{R_3 R_2}{R_1} = R_4 + R_5$. Quelle est la valeur de la résistance de Norton $\rho = \dfrac{du}{di_u}$ vue par la charge R_u?

b) Écrire la condition pour que la tension de décalage de sortie soit minimale. Comment choisir la résistance R_5 pour que cette condition ne dépend pratiquement pas de la résistance R_u?

c) Quelles sont les valeurs que la tension u ne doit pas atteindre? Comment choisir la résistance R_5 pour que ces valeurs soient les plus grandes possibles?

d) Prouver que quand R_5 est très petite et négligeable par rapport à R_4, il faut choisir $R_1 = R_3$ et $R_2 = R_4$.

e) Quelle est la valeur maximale du courant i_u? Comparer avec le circuit de la figure 2.

1.1.8 Voltmètre courant alternatif

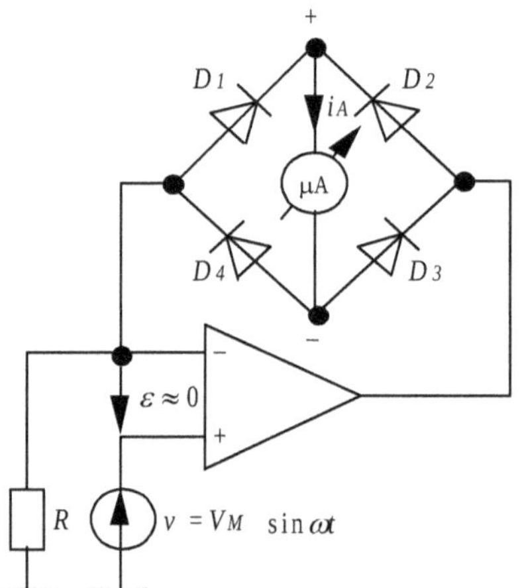

Un pont redresseur et un micro-ampèremètre se substituent à la résistance R_u dans le convertisseur tension-courant de la figure 1, afin d'obtenir un voltmètre courant alternatif. L'appareil doit mesurer la valeur efficace $V = \dfrac{V_M}{\sqrt{2}}$ de la tension sinusoïdale v d'une valeur crête V_M. A cause de l'inertie de son système électromécanique, le micro-ampèremètre mesure la valeur moyenne I_0 du courant qui le traverse.

L'amplificateur opérationnel est considéré comme parfait et non saturé.

a) Démontrer que le courant i_A traversant le micro-ampèremètre est un courant redressé en double alternance. Trouver sa valeur moyenne I_0 en fonction de V. Tracer les chronogrammes de v, i_A et I_0.

Réponse : $I_0 = \dfrac{2\sqrt{2}}{\pi} \times \dfrac{V}{R} = 0{,}9\dfrac{V}{R}$.

b) Calculer les valeurs de la résistance R pour les calibres de 1 V, 300 mV et 100 mV, si le micro-ampèremètre est de 100 µA .

Réponse : 9 kΩ ; 2,7 kΩ et 900 Ω.

c) Calculer les valeurs minimales nécessaires des tensions d'alimentation E_1 et E_2 de l'amplificateur opérationnel, si la plus grande tension à mesurer $V = 1$ V, la résistance du micro-ampèremètre

R_A = 1,8 kΩ, les chutes de tension sur les diodes passantes $V_0 \approx 0,6$ V et les tensions de saturation sont $U^1 \approx E_1 - 2$ V et $U^0 \approx -E_2 + 2$ V.

Réponse : $E_1 = E_2 \geq V\sqrt{2} + 2V_0 + \dfrac{V\sqrt{2}}{R} R_A + 2 = 4,89$ V.

d) Quelle est l'influence de la résistance interne R_A du micro-ampèremètre et de la tension V_0 des diodes sur la précision de la mesure?

e) Estimer la résistance d'entrée du voltmètre.

f) Par quoi est limitée la fréquence de la tension v qui pourrait être mesurée?

g) Comment la tension de décalage de l'amplificateur opérationnel influence-t-elle le résultat de la mesure? Comment éliminer cette influence?

h) Peut-on mesurer des tensions continues positives ou négatives avec cet appareil?

1.1.0 Source de courant de grande précision

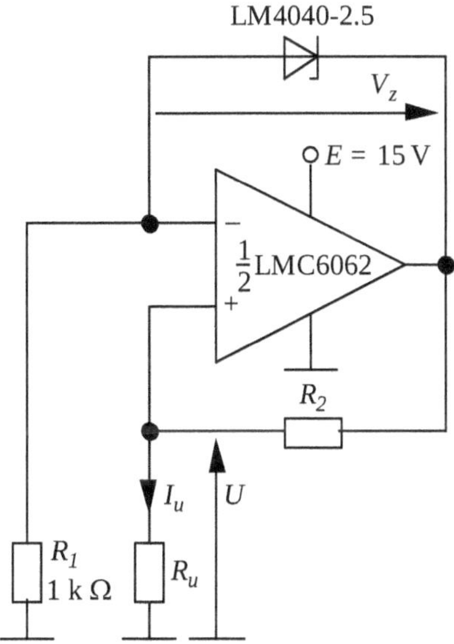

Dans le circuit précédant, le LM4040-2,5 est un circuit intégré équivalent à une diode de Zéner de grande précision (V_z = 2,5 V ± 0,2 % compensée en température) et le $\frac{1}{2}$ LMC6062 est l'un des deux amplificateurs opérationnels CMOS du circuit intégré LMC6062 qui a une résistance d'entrée supérieure à 10 téraohms (10^{13} ohms), une tension de décalage d'entrée très faible (0,1 mV) et qui peut être alimenté par une seule source de tension tout en acceptant à ses entrées des tensions de mode commun égales ou supérieures à 0 V. Son courant de sortie maximal est de 10 mA.

a) Calculer la valeur de la résistance R_2 pour obtenir un courant constant I_u = 2,5 µA dans la charge R_u.

Réponse : R_2 = 1 MΩ.

b) Quelles sont les valeurs minimale et maximale de la tension U, en sachant qu'à I_s = 10 mA la tension de saturation de l'amplificateur opérationnel $U^1 \approx E - 1$ V et que le courant à travers la référence de tension LM4040-2,5 doit être supérieur à 60 µA et inférieur à 15 mA.

Réponse : U_{min} = 60 mV, U_{max} = 10 V.

c) Pourquoi l'amplificateur opérationnel dans ce circuit doit-il avoir une faible tension de décalage et un faible courant de polarisation d'entrée?

1.1.10 Source de courant de grande intensité

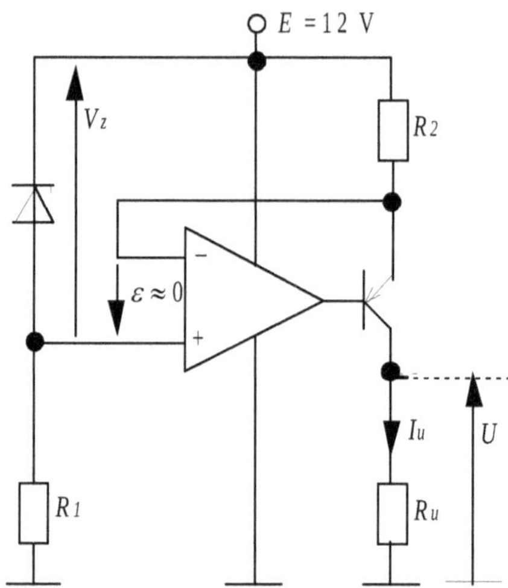

Le transistor fonctionne en régime normal. L'amplificateur opérationnel est idéal et fonctionne en régime linéaire.

a) Prouver que le courant I_u ne dépend pas des variations de R_u et de U. Trouver la plage des tensions U (de U_{min} à U_{max}) dans laquelle cela est vrai. Quelle doit être la valeur de V_z pour que cette plage soit la plus large possible? Calculer U_{max} si V_z = 2,7 V et la tension émetteur-base du transistor V_{EB} = 0,6 V.

Réponse : $I_u = \frac{V_z}{R_2}$, U_{max} = 8,7 V ; le transistor (PNP) est en régime normal quand sa tension base-collecteur est ≥ 0.

b) Choisir la résistance R_1, sa tolérance et sa puissance pour que le coût et la consommation soient minimaux.

c) Calculer la résistance R_2 et sa puissance nominale pour que I_u = 1 mA, si V_z = 2,7 V.

d) Quelle doit être la valeur minimale du bêta du transistor, en sachant que le courant de sortie maximal I_{sc} de l'amplificateur opérationnel est de 25 mA?

e) Comment choisir la puissance maximale du transistor, si U varie de 0 à 8,7 V?

1.1.11 Convertisseur tension-courant à deux amplificateurs opérationnels

Ce montage n'est pas sensible aux signaux de mode commun, car les entrées non inverseuses des amplificateurs opérationnels sont liées à la masse.

On considère les amplificateurs opérationnels comme parfaits et non saturés.

a) Prouver que le courant dans la charge R_u est $i_u = -v\frac{R_2}{R_1 R_6}$ si $\frac{R_2 R_4}{R_3} = R_5 + R_6$.

b) Calculer i_u et R_4 si R_1 = 27 kΩ, $R_2 = R_3 = R_5$ = 3 kΩ, R_6 = 100 Ω et v = - 9 V. Quelle est la meilleure façon de réaliser R_4?

c) Quelle est la résistance de Norton $\rho = \dfrac{du}{di_u}$ vue par la charge R_u?

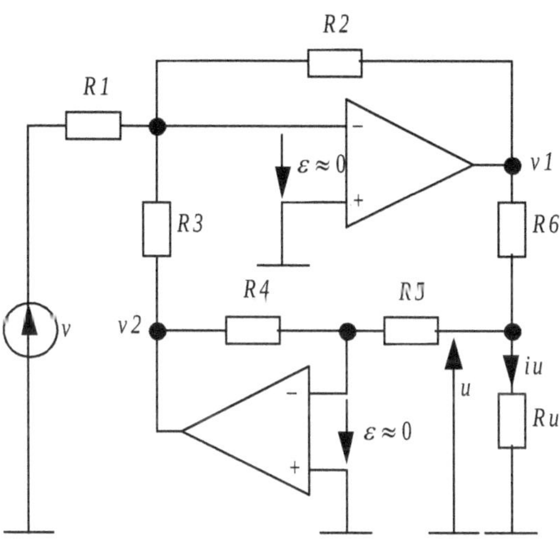

Travaux pratiques

1.1.12 Voltmètre courant continu

Réaliser le voltmètre CC de l'exercice 1.1.2 avec un amplificateur opérationnel 741. Prendre les mesures nécessaires pour annuler la tension de décalage de sortie. Calibres : ± 10 V et ± 3 V.

1.1.13 Voltmètre courant alternatif

Réaliser le voltmètre AC de l'exercice 1.1.8 avec un amplificateur opérationnel 741. Utiliser des diodes séparées ou intégrées en pont. Prendre les mesures nécessaires pour annuler la tension de décalage de sortie. Calibres : 3 V et 1 V. L'essayer avec le générateur de signaux du laboratoire. En maintenant l'amplitude de la tension d'entrée constante, relever la tension (le courant) indiquée par l'ampèremètre à des fréquences allant de 10 Hz à 100 kHz. Tracer la courbe tension(courant)-fréquence en échelle logarithmique et déterminer la bande passante de l'appareil au niveau - 1 dB.

Mesurer ensuite une tension continue positive, puis négative de valeurs connues. Que constate-t-on?

1.1.14 Testeur de diodes Zéner

Réaliser le testeur de diodes Zéner de l'exercice 1.1.3. L'essayer avec des diodes de différentes tensions nominales.

Petit projet

1.1.15 Thermomètre à thermorésistance

Objectif

Construire un thermomètre électronique utilisant comme capteur une résistance en platine.

Cahier des charges

(1) Calibre unique de - 50 à 200 °C.

(2) Capteur : une résistance en platine.

(3) Alimentation par deux piles alcalines de 9 V.

Suggestion de réalisation et consignes

Le montage proposé permet d'éviter le calibrage grâce à l'utilisation de composants de précision.

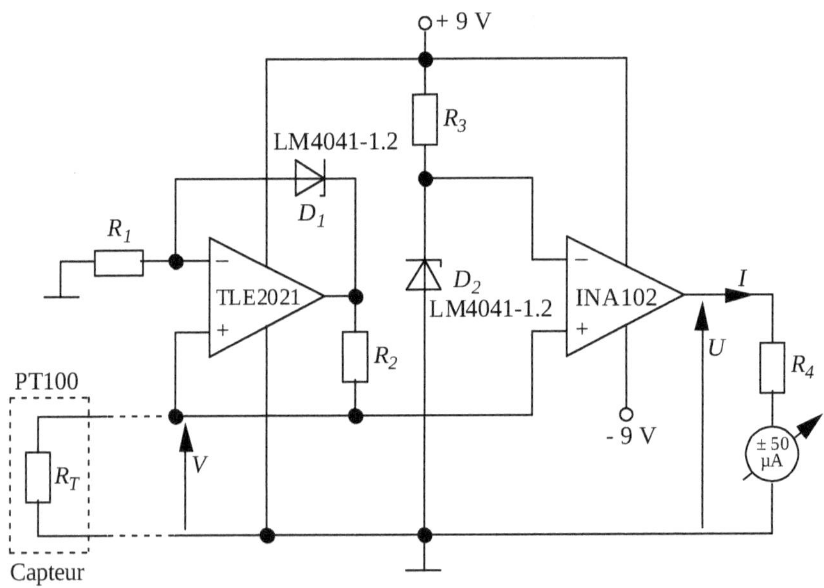

Le capteur PT1000 a une résistance $R_T = 1\,000\ \Omega \pm 0{,}6\ \%$ à $T = 0$ °C, un coefficient de température $\dfrac{dR_T}{R_T dT} = 0{,}385\ \%/\mathrm{K}$ et peut fonctionner dans une large gamme de températures (de - 70 °C à 600 °C).

Les "diodes de Zéner" D_1 et D_2 sont deux références de tension intégrées type LM4041-1.2 du constructeur *National Semiconductor*. Leurs tensions de Zéner sont $V_z = 1{,}235$ V ± 0,1 % pour un courant I_z variant de 60 µA à 12 mA et ne dépendent pratiquement pas de la température.

L'amplificateur opérationnel TLE2021 du constructeur *Texas Instruments* a une tension de décalage d'entrée inférieure à 0,5 mV et peut être alimenté par une seule source de tension E entre 4 et 40 V. Ses tensions de mode commun d'entrée peuvent prendre des valeurs entre 0 et E - 1,5 volts et sa tension de sortie, entre 0,85 et E - 1 volts. Sa consommation est de 0,2 mA sans charge.

L'amplificateur d'instrumentation INA102 du constructeur *Burr Brown* peut avoir un gain différentiel A de 1, 10, 100 ou 1 000 choisi en reliant convenablement ses broches. Pour $A = 10$, la précision est de 0,1 %. Ses résistances d'entrée sont énormes et sa tension de décalage d'entrée est inférieure à 0,3 mV.

L'étage d'entrée est un convertisseur tension-courant (voir l'exercice 1.1.9). Il assure un courant stable et indépendant de la température à travers la thermorésistance R_T et par conséquent, une tension V qui dépend linéairement de la température. Pour qu'il en soit ainsi, la résistance R_2 doit être précise et indépendante de la température (une résistance à couche métallique d'une tolérance de ± 1 % par exemple).

L'amplificateur d'instrumentation INA102 a pour rôle d'amplifier non pas la tension V toute entière, mais seulement ses variations dues au changement de la température du capteur R_T. Pour ce faire, il amplifie la différence entre la tension V et la tension V_z sur la diode D_2. Cette différence doit être nulle à la température moyenne de la gamme des températures mesurée (75 °C). Pour des températures supérieures à 75 °C, la tension de sortie U est positive, et pour des températures inférieures à 75 °C, négative, d'où la nécessité d'utilisation d'un micro-ampèremètre avec zéro au milieu du cadran.

1 Se munir des extraits des catalogues pour les circuits intégrés avec leur brochage.

2 Écrire l'équation de la résistance du capteur en fonction de la température T en °C et de sa valeur R_{T0} à $T = 0$ °C.

3 Calculer les valeurs de la tension V à $T = 0$ °C, - 50 °C et 200 °C en sachant qu'à $T = 75$ °C elle doit être égale à $V_z = 1{,}235$ V. Calculer la valeur maximale et minimale de la tension différentielle d'entrée $V_d = V - V_z$ de l'amplificateur d'instrumentation, ainsi que les valeurs maximale et minimale de la tension de sortie. Vérifier si ces deux tensions n'atteignent pas les tensions de saturation de l'amplificateur U^1 et U^0 (prendre $U^1 = - U^0 \geq 7{,}5$ à 8 V, compte tenu de l'épuisement possible des piles et de la présence d'une charge R_4). Quelles sont les mesures à prendre si ce n'est pas le cas?

4 Choisir la résistance R_1 pour que le courant passant par la diode D_1 soit suffisant, mais petit pour minimiser la consommation de l'appareil. Idem pour la résistance R_3. Leurs tolérances, doivent-elles être petites? Et leurs coefficients de température?

5 Calculer et choisir la résistance R_2 (sa valeur nominale, sa tolérance, son coefficient de température et sa puissance nominale) de façon à assurer la valeur nécessaire de la tension V à $T = 0$ °C (ou à une autre température) et sa précision. A ne pas oublier qu'un changement de la tension V de 0,385 % correspond à un changement de la température de 1 °C.

6 Choisir la résistance R_4 de façon qu'aux valeurs extrêmes de U correspond un courant I proche mais inférieur à 50 ou - 50 µA en valeur absolue. Quelles doivent être sa tolérance et son coefficient de température pour éviter tout ajustement?

7 Réaliser le montage sur une plaque à trous de laboratoire. Utiliser un câble blindé pour la sonde. Pour alimenter, utiliser l'alimentation stabilisée du laboratoire.

8 Relever le courant I mesuré par le micro-ampèremètre et mesurer les tensions V et U à quelques températures différentes (celle dans un congélateur, celle d'une glace fondante, l'ambiante, celle de votre corps, celle d'une eau chaude puis frémissante, celle d'une huile chauffée au delà de 100 °C par exemple) en relevant les températures par un thermomètre de référence. Faire attention et ne pas se brûler les doigts!

Refaire les mesures à des tensions d'alimentation de 8,4 et - 8,4 volts. Comparer les résultats et conclure.

Graduer le cadran du micro-ampèremètre en degrés Celsius (échelle linéaire). La précision de la mesure est déterminée essentiellement par la classe de l'appareil et par la précision de son calibrage.

9 Concevoir et réaliser le circuit imprimé et la construction mécanique portant le micro-ampèremètre, les piles et un commutateur de mise en marche. Utiliser des supports pour les circuits intégrés.

10 Rédiger un compte rendu comportant le cahier des charges, le schéma électrique, les dessins du circuit imprimé et de la construction, les résultats des calculs, des mesures et des tests, la nomenclature des composants, l'estimation du coût et des conclusions.

1.2 Convertisseurs courant-tension

Le circuit représenté à la figure 3 convertit le courant i en tension $u = iR$. Cette tension est proportionnelle au courant i et ne dépend pratiquement pas de la résistance interne R_G de la source de courant i, car la tension ε sur R_G est négligeable. Elle ne dépend pas non plus de la résistance de la charge R_u. L'amplificateur opérationnel doit fonctionner en régime linéaire.

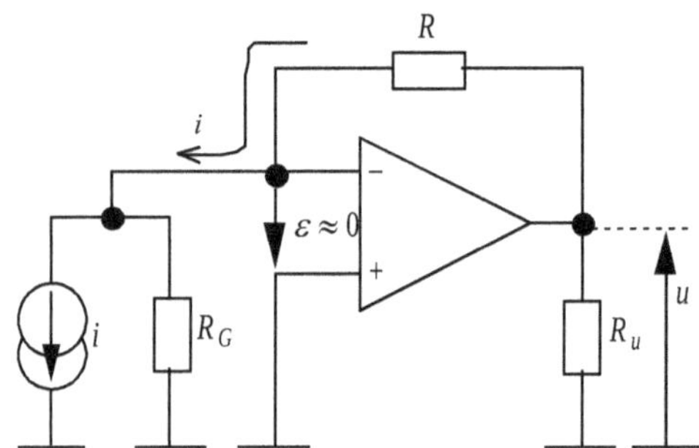

Fig. 3 Convertisseur courant-tension

Exercice résolu

1.2.1 Résistance vue par la charge

Prouver que le montage de la figure 3 vu par la charge R_u est une source de tension u presque idéale.

Solution

Pour que le montage soit une source de tension idéale, il faut que sa résistance de sortie (de Thévenin) soit nulle. Cette résistance est calculée quand le générateur indépendant de courant i est éteint. C'est un montage inverseur dont l'impédance de sortie est donnée par la formule A4 (voir l'annexe A) avec $\underline{Z}_1 = R_G$ et $\underline{Z}_2 = R$:

$$\underline{Z}_s = \frac{r_s}{1 + \frac{r_s}{R} + \frac{A - \frac{r_s}{R}}{\frac{R}{R_G \parallel r_e} + 1}} = R_s.$$

On peut démontrer que cette impédance est presque nulle. Pour le 741 par exemple, $r_s = 75\ \Omega$, $r_e = 2\ \mathrm{M\Omega}$ et $A = 2 \times 10^5$ à basses fréquences. Si $R_G = 1\ \mathrm{k\Omega}$ et $R = 100\ \mathrm{k\Omega}$, on calcule $R_s = 0{,}038\ \Omega$. La résistance R_u est beaucoup plus grande car elle est limitée de dessous par le courant de sortie maximal I_{sc} de l'amplificateur opérationnel et ne peut être inférieure à quelques centaines d'ohms.

Exercices à résoudre

1.2.2

Trouver et calculer la résistance d'entrée du convertisseur courant-tension (fig. 3) vue par le générateur de signal i-R_G, si $R = 100\ \mathrm{k\Omega}$, le montage fonctionne à vide ($R_u \to \infty$) et l'amplificateur opérationnel est réel avec $r_s = 75\ \Omega$, $r_e = 2\ \mathrm{M\Omega}$ et $A = 2 \times 10^5$.

Indice. Utiliser le schéma équivalent de la figure A1 (voir l'annexe A).

Réponse : $R_e = r_e \parallel \frac{R + r_s}{A + 1} = 0{,}05\ \Omega$. Le générateur de Norton i-R_G peut être considéré comme idéal avec une erreur inférieure à 1 % si $R_G \geq 5\ \Omega$!

1.2.3 Photomètre

La photodiode est une diode à jonction PN polarisée en inverse. Son boîtier est muni d'une fenêtre transparente. La figure suivante représente ses caractéristiques statiques.

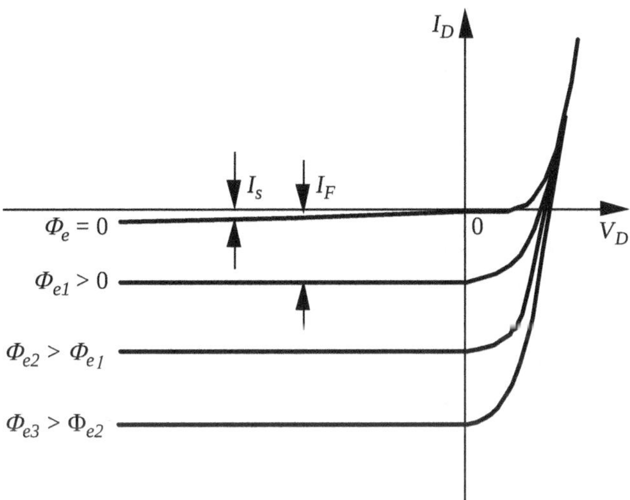

Dans l'obscurité, la diode est traversée par le courant de saturation I_s qui dépend de la température et légèrement - de la tension ; à $V_D = 0$, $I_s = 0$. Quand la jonction PN est exposée à un rayonnement électromagnétique d'une certaine longueur d'onde, l'énergie des photons donne naissance à des nouvelles paires électron-trou et le courant inverse de la diode s'accroît d'une composante I_F, proportionnelle au flux énergétique Φ_e. La sensibilité de la photodiode $K = \frac{I_F}{\Phi_e}$ est mesurée en A/W ; elle dépend de sa surface éclairée, de l'angle entre la diode et la source et de la longueur d'onde.

Le montage ci-dessous utilise la photodiode infrarouge TIL413 (de *Texas Instruments*) dont la sensibilité à la longueur d'onde 940 nm (infrarouge) est maximale et égale à 10 mA/W.

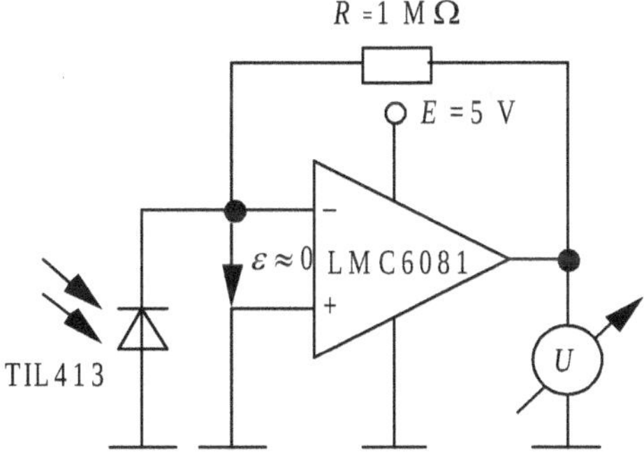

L'amplificateur opérationnel LMC6081 (de *National Semiconductor*) est CMOS de précision (U_{0S} = 0,15 mV), ce qui permet d'éviter le réglage de l'offset. Il peut être alimenté par une seule source de tension. Sa résistance d'entrée est supérieure à 10^{13} ohms, ce qui permet de convertir avec précision des courants très faibles. La tension de sortie U est mesurée par un voltmètre CC.

a) On mesure une tension U = 3 V. Quelle est la valeur du flux énergétique?

<u>Réponse</u> : Φ_e = 0,3 mW.

b) Quelle est la tension sur la photodiode? Quelle est l'influence de la température sur le résultat de la mesure?

1.2.4 Luxmètre

Objectif

Construire un appareil portable mesurant l'éclairement aux différents endroits d'une pièce.

Cahier des charges

(1) Alimentation par deux piles ou deux accumulateurs de 9 V.

(2) Calibres de 300 lx et 1500 lx.

(3) Système de mesure : ampèremètre 0 à 1 mA à aiguille.

Suggestion de réalisation et consignes

Le capteur doit être une diode sensible à la lumière visible. Une telle diode est incorporée dans le circuit intégré OPT301 du constructeur *Burr-Brown* qui contient un amplificateur opérationnel BiFET (à transistors bijonction et à effet de champ) et une résistance couche mince métallique de 1 MΩ ± 1 %, le tout dans un boîtier TO-99 à fenêtre de verre.

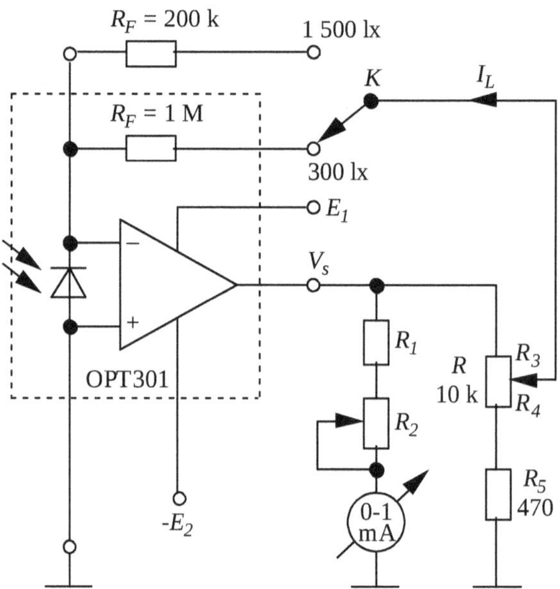

L'amplificateur opérationnel a une résistance d'entrée de 10^{12} Ω, une tension de décalage d'entrée de 0,5 mV, un courant maximal de sortie de ± 18 mA, une consommation de ± 0,4 mA et peut fonctionner avec des tensions d'alimentations de ± 2,5 à ± 18 V.

La sensibilité de la photodiode (le photocourant I_L par unité de flux énergétique) en fonction de la longueur d'onde λ est la suivante :

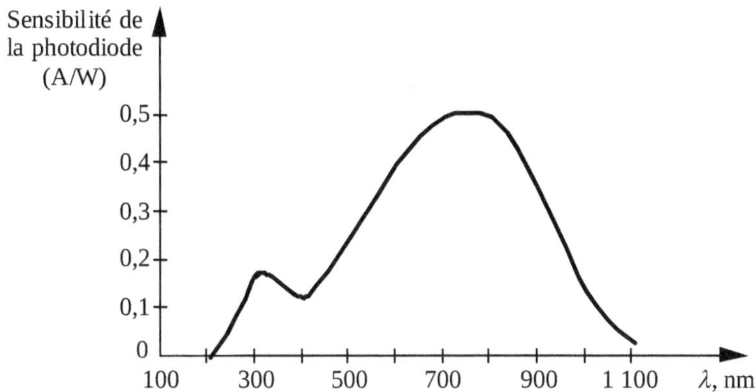

Le montage est un convertisseur courant-tension. La résistance ajustable $R = R_3 + R_4$ sert à augmenter le taux de conversion sans avoir recours à des résistances R_F trop élevées, et à calibrer l'appareil. Les résistances R_1 et R_2 protègent l'ampèremètre de surintensités. Sans la résistance R et avec $R_F = 1\ \text{M}\Omega$, la tension de sortie $V_s = 2$ V pour un flux énergétique surfacique (*irradiance* en anglais) de 1 W/m^2 et d'une longueur d'onde $\lambda = 650$ nm (lumière rouge). La dépendance de V_s du flux énergétique surfacique est linéaire.

1 Prouver que la tension de sortie du montage est donnée par l'expression :

$$V_s = R_F I_L\left(1+\frac{R_3}{R_4}+\frac{R_3}{R_F}\right).$$

2 Choisir la résistance fixe R_1 et la résistance ajustable R_2 de façon qu'à la tension $V_s = 8{,}5$ V correspond un courant de 1 mA ± 20 % environ dans l'ampèremètre. Tenir compte de la résistance interne de l'ampèremètre (la mesurer si elle n'est pas donnée dans le catalogue).

3 Réaliser le montage sur une plaque à trous de laboratoire. L'alimenter par l'alimentation stabilisée de laboratoire.

4 Pour le calibrage, procéder de manière suivante.

Avant de brancher l'alimentation, mettre les résistances R_2 et R_3 au maximum et le commutateur K en position 300 lx. Se procurer une lampe à incandescence de 40 W/230 V ou équivalente avec une douille bien isolée. Brancher l'alimentation et la lampe et éclairer le circuit en approchant la lampe jusqu'à ce que le courant de l'ampèremètre cesse de croître. A ce moment, l'amplificateur opérationnel est saturé et sa tension de sortie V_s est proche à la tension d'alimentation E_1. Régler la résistance R_2 pour que le courant de l'ampèremètre soit égal à 1 mA.

On sait qu'une lampe à incandescence de 40 W/230 V émet un flux lumineux moyen de 600 lm. Si elle n'a pas de réflecteur, son intensité lumineuse est égale à $\frac{600}{4\pi}$ = 47,7 candelas, car une sphère a 4π stéradians. A une distance de 1 m, cela fait un éclairement de 47,7 lx.

Calculer la distance à laquelle l'éclairement sera égal à 300 lx. Mettre la lampe à cette distance du circuit intégré. Travailler le soir ou dans un laboratoire à rideaux noirs ou à stores pour éliminer la lumière de jour. Orienter la maquette perpendiculairement à la lampe (ou inversement), régler la résistance R jusqu'à ce que le courant de l'ampèremètre devient inférieur à 1 mA, ajuster la position de la maquette pour qu'il soit maximal, puis réajuster la résistance R pour qu'il devient égal à 1 mA. L'échelle du cadran est linéaire.

Mettre le commutateur en position 1 500 lx. L'ampèremètre doit mesurer 0,2 mA. Si ce n'est pas le cas, corriger la valeur de la résistance externe R_F.

Au fur et à mesure que les piles s'épuisent, il faut réajuster la résistance R_2. A défaut, le seul effet négatif est que la tension de saturation de l'amplificateur opérationnel diminue et le courant maximal de l'ampèremètre ne peut pas atteindre 1 mA ; on pourra mesurer alors un éclairement maximal un peu inférieur à 1 500 lx (ou à 300 lx sur l'autre calibre), mais les mesures resteront correctes.

5 Mesurer la consommation de l'appareil en pleine échelle et à l'obscurité. Estimer la durée de vie des piles dont la capacité est de 550 mAh (piles alcalines) ou 110 mAh (accumulateurs au Cd-Ni entre deux recharges).

6 Dessiner un cadran en lux et le substituer à celui de l'ampèremètre. Concevoir et monter le circuit imprimé. Confectionner la boîte de l'appareil avec ou sans la possibilité d'ajuster la résistance R_2 de l'extérieur. Assembler tout et faire quelques essais en mettant la lampe à des différentes distances pour vérifier la graduation (éliminer la lumière de jour).

Utiliser l'appareil pour mesurer l'éclairement aux différents endroits de votre école.

Remarque. Comme le spectre des différentes types de lampes n'est pas le même, le calibrage doit être refait pour chaque type pour être assez précis. Rappelons-nous qu'un tube fluorescent de 36 W émet un flux lumineux moyen de 2 700 lm, mais sa lumière est plus "froide" que celle d'une lampe à incandescence.

7 Écrire un compte rendu incluant le cahier des charges, les schémas électriques, les dessins du circuit imprimé et de la construction, les résultats des analyses et des calculs, les résultats des tests, la nomenclature des composants, l'estimation du coût et des conclusions.

1.2.5 Ohmmètre

Objectif

Construire un appareil de mesure de résistances portable.

Cahier des charges

(1) Alimentation par deux piles alcalines ou par deux accumulateurs au cadmium-nickel de 9 V.

(2) Calibres de 100 Ω, 1 kΩ, 10 kΩ, 100 kΩ, 1 MΩ et 10 MΩ.

(3) Système de mesure : ampèremètre 0 à 1 mA à aiguille.

Suggestion de réalisation et consignes

Le montage contient un double amplificateur opérationnel type TL082 et un comparateur analogique type LM311 du constructeur *National Semiconductor* et un générateur de courant (le circuit intégré REF200 du constructeur *Burr-Brown*).

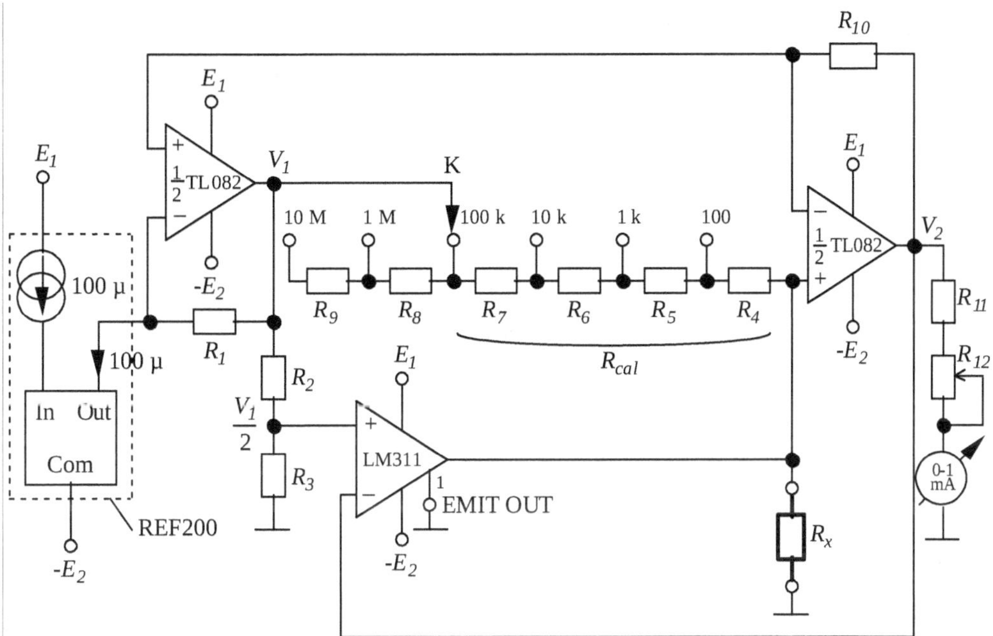

Les amplificateurs opérationnels sont BiFET (à transistors bijonction et à effet de champ), d'une résistance d'entrée de 10^{12} Ω, d'un courant maximal de sortie de 18 mA, d'une tension de décalage d'entrée de 5 mV et d'un courant de consommation de 1,8 mA chacun. Ils peuvent fonctionner avec des tensions d'alimentation de ± 5 à ± 18 V.

Le comparateur LM311 a une sortie collecteur ouvert et peut fonctionner avec une tension d'alimentation de 5 à 30 V ou avec deux de ± 15 V maximum tout en excitant une charge liée à la masse, à l'alimentation positive ou à l'alimentation négative.

Le circuit intégré REF200 contient deux générateurs de courant de 100 µA chacun et un miroir de courant. Les générateurs de courant sont des dipôles indépendants flottants (non liés à l'alimentation ni à la masse) d'une précision de ± 0,5 % et ne dépendent pas de la température. Ils fonctionnent avec des tensions de 2,5 à 40 V. Le miroir de courant est quasi indépendant et flottant ; il a une entrée (In), une sortie (Out) et un point commun à l'entrée et à la sortie (Com). Le courant appliqué à l'entrée est "miroité" en sortie (les deux sont entrants et sortent par le point commun). Les tensions In-Com et Out-Com peuvent prendre des valeurs entre 1,5 et 40 V pour des courants inférieurs à 200 µA et entre 2,5 et 40 V pour des courants de 1 mA. Les résistances de sortie des deux générateurs et du miroir de courant sont de 100 MΩ. Dans le montage considéré, l'une des deux sources de courant fournit le courant d'entrée du miroir, la deuxième (non démontrée à la figure) n'est pas utilisée.

Dans le fonctionnement de l'appareil, on peut distinguer deux états : de mesure et d'attente. *En état de mesure*, le commutateur *K* doit être en position dans laquelle la résistance R_{cal} entre son curseur et l'entrée où est branchée la résistance à mesurer R_x est supérieure à cette dernière ($R_{cal} > R_x$). Le premier amplificateur opérationnel convertit le courant de sortie du miroir de courant en une chute de tension de 1 V sur la résistance R_1. Le convertisseur courant-tension est un circuit linéaire avec une tension différentielle entre les deux entrées de l'amplificateur opérationnel égale à la tension de décalage d'entrée et avec une résistance de sortie négligeable. La tension de sortie V_1 de cet étage est divisée en deux par les résistances R_2 et R_3 et appliquée à l'entrée non inverseuse du comparateur. La même tension V_1 est divisée par les résistances R_{cal} et R_x et appliquée à l'entrée non inverseuse du deuxième amplificateur opérationnel qui fonctionne comme suiveur (tampon). La tension de sortie V_2 de l'étage tampon est égale aux tensions des deux entrées de l'amplificateur opérationnel à une tension de décalage près, mais aussi aux tensions des deux entrées du premier amplificateur opérationnel car les deux amplificateurs ont une entrée commune. Il est facile de trouver que $V_2 = \frac{R_x}{R_{cal}} < 1$ V car $R_x < R_{cal}$. Par conséquent, $V_2 < \frac{V_1}{2}$ et le comparateur est en état logique haut où son transistor de sortie est bloqué. Le milliampèremètre de sortie mesure un courant qui varie de 0 à 1 mA quand R_x varie de 0 à R_{cal}.

En état d'attente, $R_x > R_{cal}$ soit parce que le commutateur n'est pas à la bonne position, soit parce que la résistance R_x n'est pas branchée, soit parce qu'elle est "grillée". Dans ce cas, la tension d'entrée du suiveur tend à devenir supérieure à 1 V ($V_2 = \frac{R_x}{R_{cal}} > 1$), mais quand $V_2 = 1$ V, elle devient égale à $\frac{V_1}{2}$ et le comparateur entre en régime linéaire où son transistor de sortie, chargé par la résistance R_{cal}, commence à conduire. Ceci maintient la tension V_2 égale à 1 V, car si elle devient supérieure à 1 V, le comparateur devrait basculer en état logique bas avec $V_2 < 1$ V et donc inférieure à $\frac{V_1}{2}$, en résultat de quoi le comparateur devrait basculer en état logique haut etc., ce qui est impossible. En état d'attente donc, la tension V_2 a une valeur constante égale à 1 V et l'aiguille de l'ampèremètre est au bout droit du cadran. Cette zone peut être marquée par une bande rouge sur le cadran gradué en ohms. Le rôle du comparateur est donc de limiter la tension V_2 à 1 V et à protéger le système de mesure.

1 Se munir d'extraits des catalogues.

2 Choisir la résistance R_1 et sa tolérance pour obtenir une chute de tension de 1 volt assez précise.

3 Choisir les résistances R_4 à R_9 et leurs tolérances de façon à assurer les calibres demandés.

4 Choisir les résistances R_2 et R_3 et leurs tolérances pour obtenir une division de la tension V_1 par deux assez précise et ne pas surcharger la sortie du premier amplificateur opérationnel, en prenant en compte les autres courants que cette sortie doit fournir dans le cas le plus défavorable. De quoi sont limitées les valeurs maximales de R_2 et R_3?

5 Choisir une valeur moyenne de la résistance R_{10}, compte tenu de son rôle.

6 Choisir la résistance fixe R_{11} et la résistance ajustable R_{12} de façon qu'à la tension $V_2 = 1$ V corresponde un courant de 1 mA ± 10 % environ dans l'ampèremètre. Tenir compte de la résistance interne de l'ampèremètre (la mesurer si elle n'est pas donnée dans le catalogue).

7 Réaliser le montage sur une plaque à trous de laboratoire. Utiliser des supports pour les circuits intégrés. L'alimenter par l'alimentation stabilisée de laboratoire.

8 Pour calibrer l'ampèremètre, brancher une résistance de 95 Ω (utiliser la boîte à résistances de laboratoire), mettre le commutateur en position 100 Ω et régler la résistance R_{12} jusqu'à ce que le courant devient égal à 0,95 mA.

9 Mesurer les potentiels du circuit à vide ($R_x \to \infty$), en court-circuit ($R_x = 0$), à $R_x = 0{,}95R_{cal}$, à $R_x = 0{,}1R_{cal}$ et à $R_x = 0{,}5R_{cal}$ pour chaque calibre et estimer la précision des mesures.

10 Trouver les valeurs minimales des tensions E_1 et E_2 (en prenant toujours $E_1 = E_2$) auxquelles l'appareil fonctionne correctement. Mesurer la consommation à $E_1 = E_2 = 9$ V en état d'attente et en état de mesure (dans le cas le plus défavorable).

11 Confectionner un cadran gradué en ohms. Concevoir un circuit imprimé et une construction mécanique comprenant le système de mesure, les piles et un commutateur de mise en marche. Prévoir la possibilité d'ajuster la résistance R_{12} de l'extérieur à l'aide d'un tournevis. Réaliser et tester le montage final. La construction doit être compacte et esthétique.

12 Rédiger un compte rendu comportant le cahier des charges, les schémas électriques, le dessin du circuit imprimé, les dessins des différents éléments de la construction, les résultats des calculs, des mesures et des tests, la nomenclature des composants, l'estimation du coût et des conclusions.

1.3 Convertisseur d'impédance

Le circuit suivant permet de convertir un condensateur en une bobine.

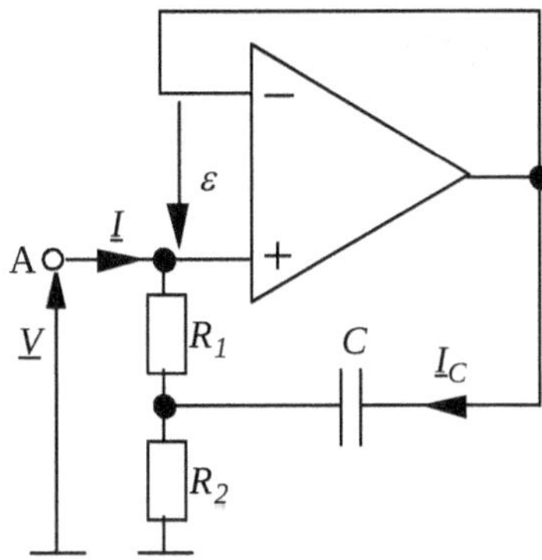

L'amplificateur opérationnel fonctionne en régime linéaire (sa sortie n'est pas saturée), son gain est très élevé et la tension ε entre ses deux entrées est presque nulle. Sa résistance d'entrée (la résistance entre l'entrée inverseuse et l'entrée non inverseuse) est très grande et peut être considérée comme infiniment grande. Les courants d'entrée sont presque nuls. Le courant $\underline{I}$ passe donc entièrement par la résistance R_1 et crée une chute de tension égale à la chute de tension sur le condensateur :

$$\underline{I}R_1 = \underline{I}_C\frac{1}{j\omega C}.$$

L'impédance du circuit entre la borne A et la masse est :

$$\underline{Z} = \frac{\underline{V}}{\underline{I}} = \frac{\underline{I}R_1 + (\underline{I} + \underline{I}_C)R_2}{\underline{I}} = R_1 + R_2 + j\omega CR_1R_2.$$

C'est une bobine d'inductance réelle d'une inductance $L = CR_1R_2$ et d'une résistance des pertes série $R = R_1 + R_2$. Son facteur de qualité $Q = \frac{\omega L}{R} = \frac{\omega CR_1R_2}{R_1 + R_2}$. Il est plus grand quand R_1 et R_2 sont plus grandes!

Exemple. Si $R_1 = R_2 = 8{,}2$ kΩ, $C = 680$ nF et $f = 1$ kHz, on calcule : $L = 45{,}7$ H, $R = 16{,}4$ kΩ et $Q = 17{,}5$.

Remarques

1) L'utilisation de condensateurs électrolytiques n'est pas recommandée car leur facteur de qualité $\frac{1}{tg\delta}$ est très petit et le condensateur ne peut être considéré comme une capacité pure. Cela va diminuer considérablement le facteur de qualité de l'inductance du circuit.

2) Le courant $\underline{I}_C$ est fourni par la sortie de l'amplificateur opérationnel. Son module ne doit pas dépasser le courant maximale de sortie de l'amplificateur lequel est dans la plupart des cas égal à une vingtaine de milliampères. Dans l'exemple considéré

$$I_C = \omega CR_1I = \omega CR_1\frac{V}{Z} = \frac{\omega CR_1V}{\sqrt{R^2 + (\omega L)^2}}.$$

Dans le cas le plus défavorable la tension V doit rester inférieure à la tension d'alimentation de l'amplificateur opérationnel (par exemple 15 V). Alors

$$I_C = \frac{2\pi \times 10^4 \times 680 \times 10^{-9} \times 8{,}2 \times 10^{-3} \times 15}{\sqrt{(16{,}4 \times 10^3)^2 + (2\pi \times 10^4 \times 45{,}7)^2}}$$ = 1,8 mA, ce qui est tout à fait acceptable.

2 Conversions tension↔fréquence

2.1 Convertisseurs tension-fréquence

Le convertisseur tension-fréquence (*voltage-to-frequency converter* ou VFC en anglais) est un multivibrateur commandé par tension (*voltage controlled oscillator* ou VCO en anglais) dont la fréquence des oscillations f est directement proportionnelle à une tension analogique V appliquée à son entrée :

$f = k_v V$ avec k_v - le taux de conversion.

A la différence du signal analogique, les impulsions sont des signaux binaires dont les valeurs logiques dépendent peu des facteurs déstabilisants et des bruits. Elles sont donc convenables à envoyer à distance. Elle peuvent être comptées et traitées par des microprocesseurs, microcontrôleurs et autres dispositifs numériques de mesure et de contrôle.

La figure 4a montre le principe de fonctionnement d'un convertisseur tension-fréquence.

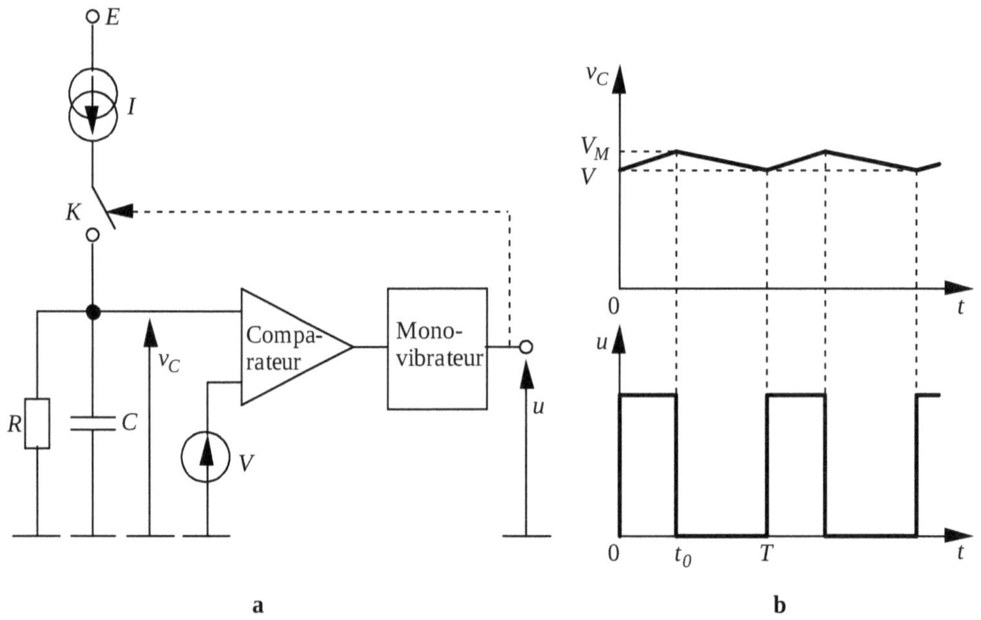

Fig. 4 Convertisseur tension-fréquence :
a - schéma synoptique ; b - chronogrammes des tensions

Au moment de branchement de l'alimentation, la tension $v_C = 0 < V$ et l'état logique en sortie du comparateur est tel qu'il déclenche le monovibrateur qui ferme la clé K. Le condensateur se charge à travers la source de courant I jusqu'à ce que v_C dépasse V. Ainsi s'achève le régime transitoire durant lequel l'état de sortie du monovibrateur est maintenu haut par le comparateur. À l'instant où v_C dépasse V, l'état logique du comparateur change et commence le cycle astable du monovibrateur dont la durée t_0 dépend uniquement de ses propres paramètres. L'état logique de sortie du monovibrateur reste haut encore t_0 secondes. Pendant ce temps la clé K reste fermée et le condensateur se charge jusque une tension V_M légèrement supérieure à V. Après l'achèvement de l'impulsion du monovibrateur, la clé K s'ouvre et le condensateur se décharge à travers la résistance R. Si la constante de temps RC est assez grande, la charge et la décharge sont lentes et presque linéaires. Quand v_C devient inférieure à V, le comparateur bascule et déclenche le monivibrateur qui produit une impulsion de durée t_0. Durant cette impulsion, la clé K est fermée et le condensateur se recharge jusqu'à V_M. On est en régime stationnaire pour lequel les chronogrammes sont tracés à la figure 4b. Les tensions V_M et V sont très proches ($V_M \approx V$).

La charge $I_c t_0 = (I - I_R)t_0$ reçue par le condensateur pendant l'intervalle de temps t_0 est évidemment égale à la charge $I_R(T - t_0)$ qu'il fournit à la résistance R pendant l'intervalle de temps $T - t_0$, où I_C est le courant de charge et $I_R \approx \frac{V}{R}$ est le courant à travers la résistance R dans les deux cas :

$$(I - \frac{V}{R})t_0 = \frac{V}{R}(T - t_0), \text{ ce qui donne :}$$

$$f = \frac{1}{T} = \frac{V}{IRt_0} = k_v V \text{ avec } k_v = \frac{1}{IRt_0} \text{ [Hz/V]}$$

Sur ce principe est basé le fonctionnement de certains circuits intégrés produits par des différents constructeurs. La figure 5 montre, à titre d'exemple, la structure interne et le branchement du circuit intégré LM331 de *National Semiconductor* comme convertisseur tension-fréquence.

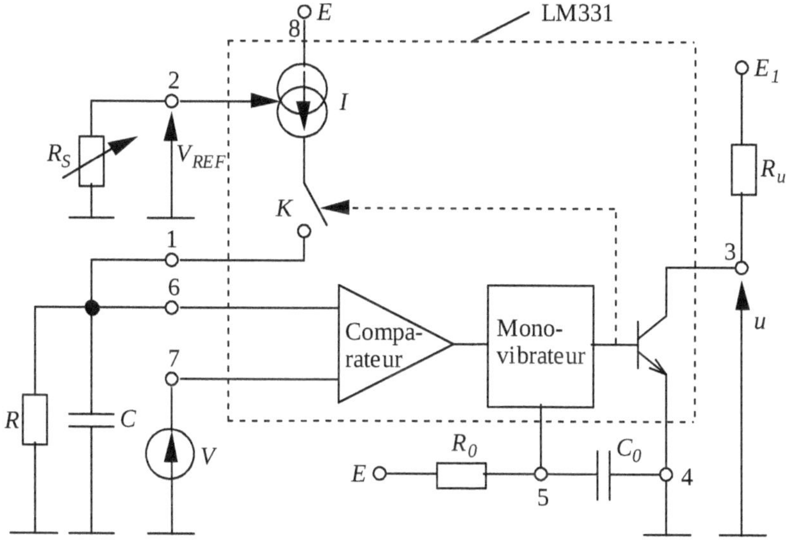

Fig. 5 Le LM331 comme convertisseur tension-fréquence

Le circuit intégré est entouré de tirets. Les résistances et les condensateurs sont discrets et doivent être choisis par l'utilisateur. En choisissant plus particulièrement R_0 et C_0, on peut choisir la durée de l'impulsion du monovibrateur laquelle est donnée par l'expression $t_0 = 1{,}1R_0C_0$ et doit être supérieure à 5 µs. Le circuit intégré comporte une référence de tension $V_{REF} = 1{,}89$ V pratiquement indépendante de la température et des variations de la tension d'alimentation E qui peut être choisie entre 4 et 40 V. Cette tension est accessible à la broche 2 et permet de choisir la valeur du courant I

entre 10 et 500 µA à l'aide de la résistance R_S : $I = \frac{V_{REF}}{R_S}$. La résistance R_S est souvent réglable et sert à ajuster le taux de conversion k_v qui dépend des tolérances des composants.

La sortie du circuit est un transistor à collecteur ouvert d'une résistance de saturation de 50 Ω. Il permet l'utilisation d'une tension d'alimentation E_1 différente de E et une connexion "OU câblé". Il y a une protection contre court-circuit qui se déclenche à 50 mA.

La tension d'entrée V ne doit pas dépasser E. Sa valeur minimale peut être jusqu'à 10 000 fois plus petite.

La capacité du condensateur C ne figure pas dans la formule pour le taux de conversion, mais doit être assez grande pour que la supposition sous laquelle cette formule a été déduite ($V_M \approx V$) soit vraie. D'autre côté, quand elle est trop grande, les transitions qui suivent les changements brusques de la tension V sont trop longues ; pendant ces transitions le condensateur se charge ou décharge jusqu'à la nouvelle valeur de V et la fréquence des oscillations ne correspond pas à cette nouvelle valeur. On recommande des capacités entre 10 et 100 nF, mais si la différence V_M - V est trop grande, on peut prendre jusqu'à 1 µF.

La bande de fréquences qui peut être couverte par un choix judicieux de R, R_S, R_0 et C_0 s'étend de 1 Hz à 100 kHz (pour $V = E$). La non linéarité de la caractéristique $f(V)$ est négligeable.

Exercice résolu

2.1.1 Conception d'un convertisseur tension-fréquence

Choisir les résistances et les condensateurs du montage de la figure 5 de façon à obtenir une conversion linéaire de V_{min} = 5 mV à V_{max} = 5 V avec f_{max} = 50 kHz et avec $\frac{\Delta V}{V} = \frac{V_M - V}{V}$ ne dépassant pas 10 %. On a $E = E_1$ = 6 V ($E > V_{max}$).

Solution

La période T de la tension de sortie u est minimale à f_{max} : $T_{min} = \frac{1}{f_{\max}} = \frac{1}{50 \times 10^3}$ = 20 µs. La durée de l'impulsion du monovibrateur doit être inférieure à T_{min} (voir les chronogrammes de la figure 4b), et supérieure à 5 µs. Choisissons t_0 = 10 µs. Choisissons C_0 = 1 nF (minimale pour minimiser le coût, mais beaucoup plus grande des capacités parasites pour ne pas empirer la précision). Alors

$R_0 = \frac{t_0}{1{,}1C_0} = \frac{10 \times 10^{-6}}{1{,}1 \times 10^{-9}}$ = 9,091 kΩ ≈ 9,1 kΩ.

Le taux de conversion $k_v = \frac{f}{V} = \frac{f_{\max}}{V_{\max}} = \frac{50 \times 10^3}{5}$ = 10 kHz/V.

Le courant $I = \frac{V_{REF}}{R_S}$ doit avoir une valeur entre 10 µA et 500 µA. Choisissons I = 50 µA, ce qui donne $R_S = \frac{V_{REF}}{I} = \frac{1{,}89}{50 \times 10^{-6}}$ = 37,8 kΩ (33 kΩ fixe plus 10 kΩ réglable par exemple). Il suit :

$R = \frac{1}{k_v I t_0} = \frac{1}{10 \times 10^3 \times 50 \times 10^{-6} \times 10 \times 10^{-6}}$ = 200 kΩ.

Durant l'intervalle de temps t_0 le condensateur C se charge de V à V_M avec un courant pratiquement constant : $I_C = C\frac{dv_C}{dt} = C\frac{\Delta v_C}{\Delta t} = C\frac{V_M - V}{t_0} = I - I_R \approx I - \frac{V}{R}$. L'ondulation $\frac{V_M - V}{V} = \frac{t_0}{C}(\frac{I}{V} - \frac{1}{R})$ est maximale quand $V = V_{min}$. Par conséquent,

$$C = t_0 \frac{\frac{I}{V_{\min}} - \frac{1}{R}}{(\frac{V_M - V}{V})_{\max}} = 10 \times 10^{-6} \frac{\frac{50 \times 10^{-6}}{5 \times 10^{-3}} - \frac{1}{200 \times 10^3}}{0,1} = 1 \text{ µF.}$$

Le courant I_u à travers la charge R_u ne doit pas atteindre 50 mA. Il faut donc que $R_u > \frac{E_1}{I_{u\max}} = \frac{6}{50 \times 10^{-3}} = 120\ \Omega$. D'autre côté, le zéro logique en sortie $U^0 = E_1 \frac{R_{sat}}{R_u + R_{sat}}$ où R_{sat} = 50 Ω est la résistance de saturation du transistor de sortie. Si on veut que $U^0 < 1$ V par exemple, il faut que $R_u > \frac{E_1 R_{sat}}{U^0} - R_{sat} = \frac{6 \times 50}{1} - 50 = 250\ \Omega$.

Exercices à résoudre

2.1.2 Calcul du taux de conversion d'un convertisseur tension-fréquence

Soit le montage de la figure 5. Calculer son taux de conversion k_v si R_S = 15 kΩ, R = 100 kΩ, R_0 = 6,8 kΩ, C_0 = 10 nF et C = 1 µF.

Réponse : k_v = 1 061 Hz/V.

2.1.3 Le VFC comme multivibrateur de précision

Le circuit suivant est un multivibrateur de précision.

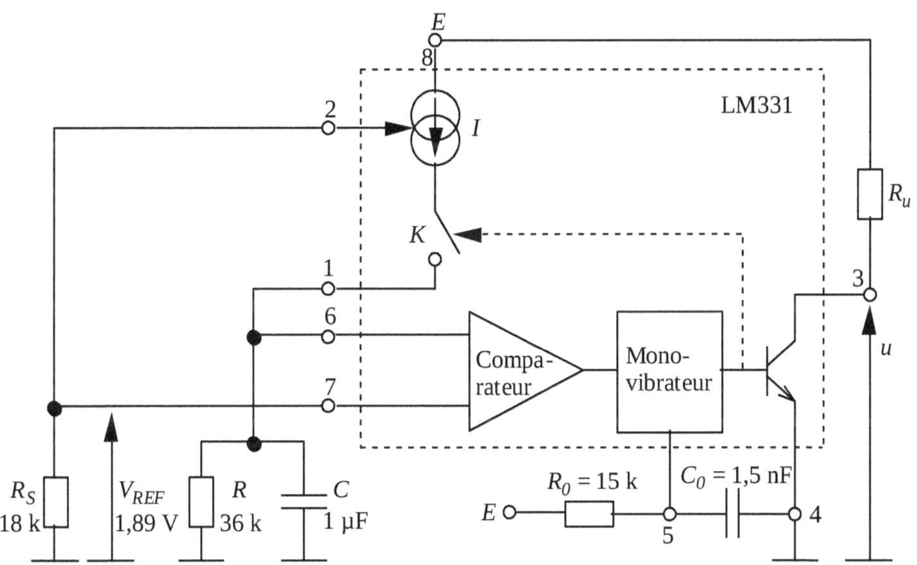

a) Calculer la fréquence des oscillations f et leur rapport cyclique γ.

Réponse : f = 20,2 kHz, γ = 0,5.

b) Quelle est l'influence de la tension de référence V_{REF} sur f?

Réponse : aucune.

2.1.4 Convertisseur pression-fréquence

Dans le circuit suivant, le convertisseur tension-fréquence VFC est bâti autour du circuit intégré LM331 (voir la figure 5) et son taux de conversion $k_v = \dfrac{f}{V} = \dfrac{R_S}{1{,}1R_0C_0RV_{REF}}$.

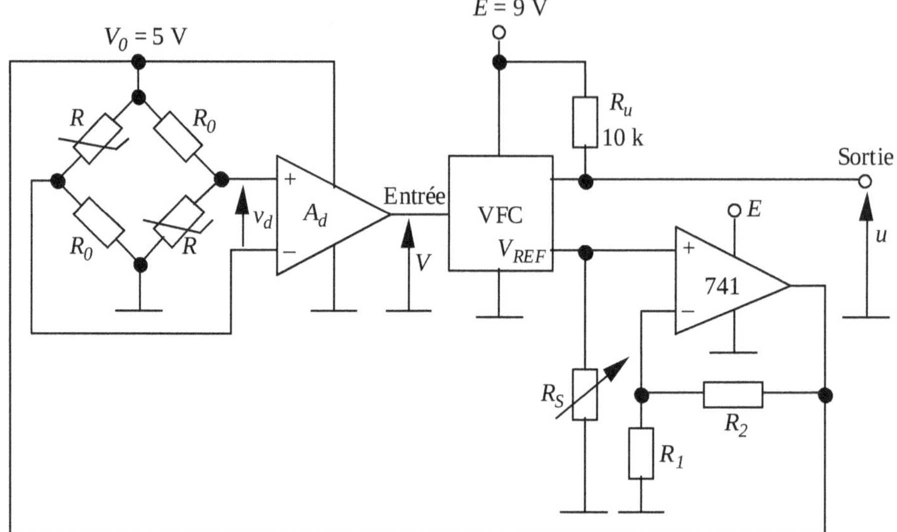

La tension de référence V_{REF} a une valeur de 1,89 V qui dépend peu des variations de la tension d'alimentation E. Cette tension de référence est amplifiée jusqu'à V_0 = 5 V par un montage non inverseur à l'amplificateur opérationnel type 741 et alimente un pont de Wheatstone et un amplificateur d'instrumentation d'une amplification différentielle A_d. Le pont de Wheatstone comporte deux capteurs (jauges de contrainte) d'une résistance $R = R_0(1 + \alpha p)$ où p est la pression (cela pourrait être une autre quantité physique) et α - la sensibilité du capteur.

Le rôle du montage non inverseur n'est pas seulement d'élever la tension de référence jusqu'à V_0, mais de fournir le courant d'alimentation du pont et de l'amplificateur d'instrumentation. La tension d'alimentation E, elle, peut ne pas être stable.

a) Exprimer la tension différentielle v_d en sortie du pont de Wheatstone en fonction de V_0, α et p, en négligeant αp devant 1.

Réponse : $v_d = V_0 \dfrac{\alpha p}{2 + \alpha p} \approx V_0 \alpha p$.

b) Trouver le taux de conversion $k_p = \dfrac{f}{p}$ (expression littérale). Quelle est l'influence des instabilités de V_{REF} sur lui? A quoi sert le réglage de la résistance R_S?

Réponse : $k_p = \dfrac{\alpha A_d R_S (1 + \frac{R_2}{R_1})}{1{,}1R_0C_0R}$.

2.2 Convertisseurs fréquence-tension

Le convertisseur fréquence-tension (*frequency-to-voltage converter* ou FVC en anglais) transforme une tension impulsionnelle périodique en une tension analogique V directement proportionnelle à sa fréquence f :

$V = k_f f$ avec k_f - le taux de conversion.

Une application typique de ce type de convertisseurs est comme tachymètres dans les systèmes de régulation de la vitesse de rotation des moteurs.

La figure 6 montre le principe de fonctionnement d'un convertisseur fréquence-tension.

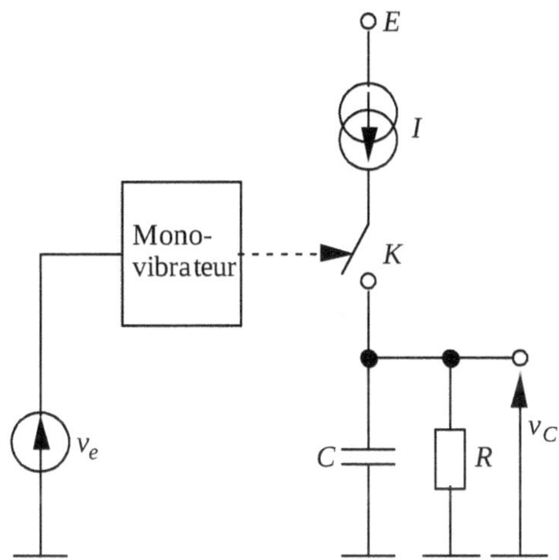

Fig. 6 Convertisseur fréquence-tension

La tension d'entrée v_e est impulsionnelle périodique d'une fréquence $f = \frac{1}{T}$. Chaque impulsion d'entrée déclenche le monovibrateur qui produit une impulsion de durée constante t_0 (il faut évidemment que $t_0 < T$). Durant l'impulsion du monovibrateur la clé K est fermée et le condensateur C se charge par la source de courant I. Après l'impulsion t_0 le condensateur se décharge à travers la résistance R. Pendant le régime transitoire la tension v_e est petite, la charge est plus rapide que la décharge et la tension v_e croît progressivement. Ce processus est exactement le même que celui dans un redresseur à filtrage capacitif.

En régime permanent la charge $I_c t_0 = (I - I_R)t_0$ reçue par le condensateur pendant l'intervalle de temps t_0 devient égale à la charge $I_R(T - t_0)$ qu'il fournit à la résistance R pendant l'intervalle de temps $T - t_0$, où I_C est le courant de charge et I_R est le courant à travers la résistance R. Si la constante de temps RC est assez grande, la tension v_e en régime permanent est presque constante ($v_C \approx V$) et $I_R = \frac{V}{R}$. On a alors :

$$(I - \frac{V}{R})t_0 = \frac{V}{R}(T - t_0) \text{ et } V = IRt_0 f = k_f f \text{ avec } k_f = IRt_0 \text{ [V/Hz].}$$

La figure 7a montre le branchement du circuit intégré LM331 comme convertisseur fréquence-tension. Il est donc réversible, avec $k_f = \frac{1}{k_v}$.

Les chronogrammes des tensions (fig. 7b) correspondent au régime permanent. Quand la tension d'entrée $v_e = 0$, le condensateur C_d est chargé jusqu'à E ($v_d = E$). Le groupe C_d-R_d est un dérivateur d'impulsions rectangulaires. Son rôle est de raccourcir les impulsions d'entrée.

La tension de seuil V_s du comparateur est choisie égale à peu près à $0{,}8E$ à l'aide des résistances R_1 et R_2 :

$$V_s = E\frac{R_1}{R_1 + R_2} \approx 0{,}8E.$$

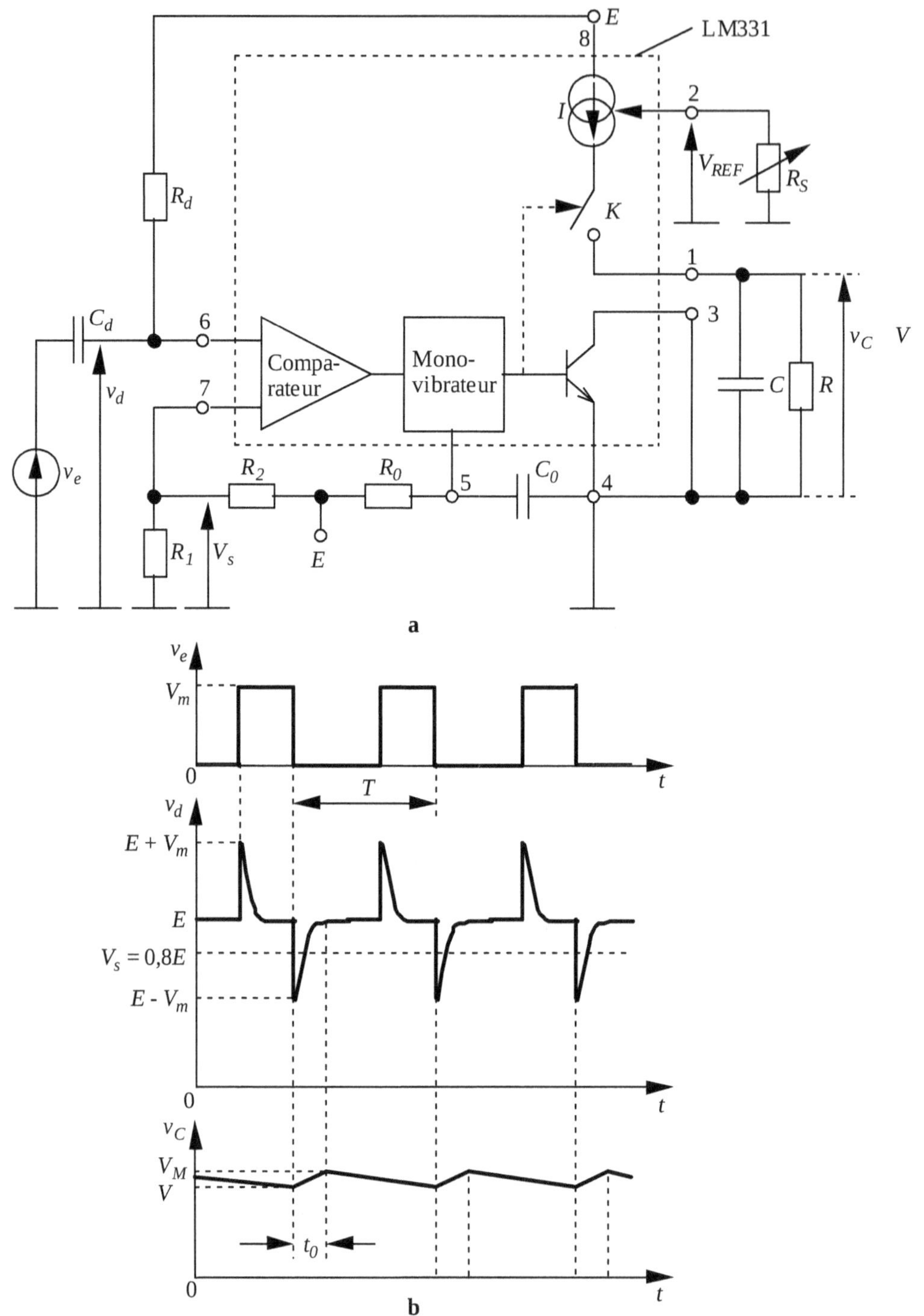

Fig. 7 Le LM331 comme convertisseur fréquence-tension :
a - branchement ; b - chronogrammes des tensions

Quand $v_d > V_s$, l'état logique du comparateur est tel que le monovibrateur est en état stable, la clé K est ouverte et le condensateur C se décharge lentement à travers la résistance R. Quand $v_d < V_s$, le comparateur déclenche le monovibrateur qui ferme la clé K durant un intervalle de temps $t_0 = 1{,}1R_0C_0$ et le condensateur se recharge par la source de courant I.

L'ondulation V_M - V de la tension de sortie est plus petite quand la constante de temps RC est plus grande (comme dans les redresseurs), mais cela rallonge les régimes transitoires qui suivent les changements de la fréquence de la tension d'entrée.

Le réglage de la résistance R_S permet de choisir le courant I et le taux de conversion en compensant les écarts dus aux tolérances des composants.

Le raccourcissement des impulsions d'entrée permet d'utiliser des intervalles t_0 courts (jusqu'à 5 µs) et de convertir des fréquences plus hautes (jusqu'à 100 kHz).

La non linéarité de la caractéristique $V(f)$ est négligeable.

Exercice à résoudre

2.2.1 Conception d'un convertisseur fréquence-tension

Choisir les résistances et les condensateurs du montage de la figure 7a de façon à obtenir une conversion linéaire de f_{min} = 50 Hz à f_{max} = 50 kHz avec V_{max} = 5 V et avec $\frac{\Delta V}{V} = \frac{V_M - V}{V}$ ne dépassant pas 10 %. On a E = 6 V ($E > V_{max}$) et une tension d'entrée v_e rectangulaire d'une valeur crête V_m = 5 V (voir la figure 7b).

Indices :

1) Pour le choix des composants R_0, C_0, R_S, R et C, s'inspirer de l'exercice 2.1.1

2) Choisir les résistances R_1 et R_2 de façon à obtenir $V_s \approx 0{,}8E$ (voir la figure 7b).

3) Pour le choix des composants C_d et R_d, prendre en comte que la durée t_1 des impulsions v_d obtenues par dérivation de la tension rectangulaire v_e est égale à 3τ, qu'elle doit être inférieure à t_0 et que t_0 de son côté doit être inférieure à T (voir la figure 7b).

Petit projet

2.2.2 Fréquencemètre

Objectif

Concevoir et réaliser un appareil capable de mesurer la fréquence de tensions de différentes formes et amplitudes.

Cahier des charges

(1) Fréquences mesurées de 10 à 10 000 Hz en trois calibres.

(2) Valeur crête-à-crête de la tension d'entrée de 0,1 à 30 V ; forme : sinusoïdale, triangulaire, rectangulaire ou autre.

(3) Tension d'alimentation 5 V ± 10 %.

Suggestion de réalisation et consignes

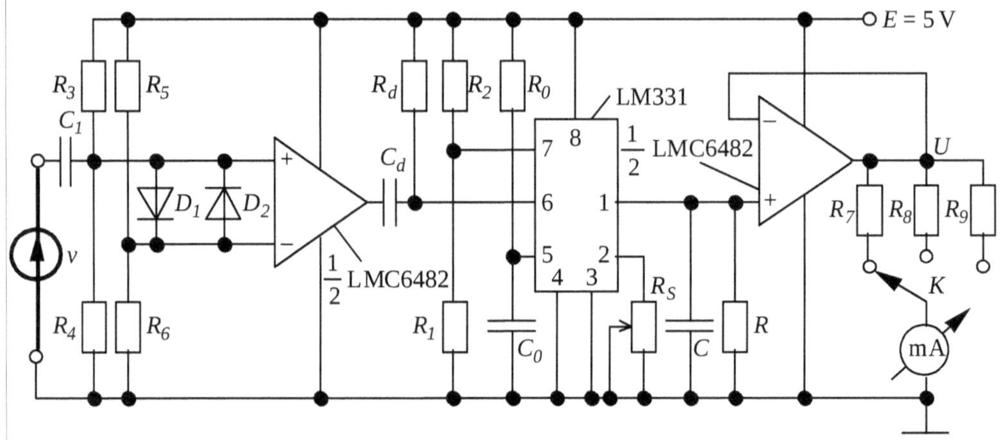

Le noyau de l'appareil est le circuit intégré LM331 du constructeur *National Semiconductor* branché en convertisseur fréquence-tension (voir la figure 7 où les composants discrets ont les mêmes indices et les mêmes rôles qu'ici). L'étage d'entrée est un comparateur analogique utilisant l'un des deux amplificateurs opérationnels du circuit intégré LMC6482 du même constructeur. Ses entrées sont polarisées à $0{,}5E$ à l'aide des diviseurs R_3-R_4 et R_5-R_6 et protégées de surtensions à l'aide des diodes D_1 et D_2 (type 1N4148 par exemple). Le condensateur bloque la composante continue de la tension mesurée v. La valeur crête-à-crête minimale de v dépend de la différence entre les tensions de polarisation des deux entrées de l'amplificateur opérationnel. Pour éviter l'ajustement, les résistances R_3 à R_6 doivent avoir une tolérance de 1 % ou moins. Leurs valeurs doivent être grandes pour assurer une résistance d'entrée aussi grande que possible (pourquoi?). Par conséquent, l'amplificateur opérationnel doit avoir une tension de décalage d'entrée relativement faible et des courants de polarisation et de décalage d'entrée faibles. La tension à sa sortie est dérivée par le groupe C_d-R_d, c'est pourquoi sa résistance de sortie doit être faible et l'amplitude logique de sortie grande.

L'étage de sortie est un suiveur (adaptateur d'impédances). Le signal à son entrée et à sa sortie doit pouvoir varier de 0 à E volts ou presque. La tension de sortie est convertie en courant par la résistance R_7, R_8 ou R_9 et mesurée par le milliampèremètre.

Les amplificateurs opérationnels type LMC6482 (CMOS) ont une tension de décalage d'entrée de 3 mV, des courants de polarisation d'entrée de 4 pA, un courant de décalage d'entrée de 2 pA, une plage des tensions d'entrée "rail-to-rail" de 0 à E et une plage de la tension de sortie de 0,18 à E - 0,2 V pour une charge de 2 kΩ ou de 0,02 à E - 0,02 V pour une charge de 100 kΩ. Leur résistance de sortie est de 100 Ω environ sans rétroaction. Ils peuvent fonctionner avec une seule tension d'alimentation de 3 à 15,5 volts.

1 Choisir les résistances R_3 à R_6 maximalement grandes pour assurer une résistance d'entrée maximale de l'appareil et maximalement précises pour assurer son fonctionnement avec une valeur crête-à-crête minimale de la tension mesurée v.

2 Calculer la capacité du condensateur C_1 de façon à ce que le module de son impédance à 10 Hz soit au moins 10 fois plus petit que la résistance d'entrée de l'appareil à moyennes fréquences. Quelle doit être sa tension maximale?

3 Choisir les résistances R_d, R_1, R_2, R_0, R et R_S et les condensateurs C_d et C de façon à obtenir une conversion linéaire de f_{min} = 10 Hz à f_{max} = 10 kHz avec V_{max} = 4,5 V et avec $\Delta V/V = (V_M - V)/V$ ne dépassant 10 %. S'inspirer des exercices 2.1.1 et 2.2.1.

4 Mesurer la résistance interne R_A du milliampèremètre. Calculer les résistances R_7, R_8 et R_9 pour que le courant de l'ampèremètre soit égal à 1 mA quand la tension en sortie U est égale à 5 V, à 0,5 V et à 0,05 V respectivement.

5 Réaliser le montage sur une plaque à trous de laboratoire. Comme source de signal, utiliser le générateur de signaux de laboratoire. Mesurer les différents potentiels à $v = 0$. Calibrer en mettant le commutateur K sur R_8, en appliquant une tension v d'une fréquence de 1 000 Hz et en réglant R_S jusqu'à ce que la tension de sortie U devient égale à 4,5 V, ce qui doit correspondre à un courant de 0,9 mA. Relever les chronogrammes des tensions aux différents nœuds du circuit sur l'oscilloscope quand la tension d'entrée est sinusoïdale, triangulaire, rectangulaire avec ou sans composante continue. Quelles sont les fréquences minimale et maximale et les valeurs crête-à-crête minimale et maximale auxquelles l'imprécision est acceptable (commuter les calibres pour minimiser l'erreur due à la classe du milliampèremètre). Quelle est l'influence des variations de la tension d'alimentation de 4,5 à 5,5 V sur la conversion? Quelle est l'influence de l'ondulation ΔV sur la précision?

Graduer le cadran en utilisant le fréquencemètre du générateur de signaux comme référence. Calculer le taux de la conversion k_f.

6 Concevoir et réaliser la carte imprimée et la monter en boîte.

7 Préparer un compte rendu incluant le cahier des charges, les extraits des catalogues, les schémas synoptique et électriques, les résultats des calculs, des mesures et des tests, les dessins du circuit imprimé, la nomenclature des composants, l'estimation du coût et des conclusions.

3 CONVERSIONS ANALOGIQUE↔NUMÉRIQUE

3.1 Convertisseurs analogique-numérique

Généralités

Le convertisseur analogique-numérique (CAN) transforme le signal analogique en numérique. Le signal analogique est habituellement une tension *v* continue ou variable, et le signal numérique, un nombre binaire N_2 de *n* bits :

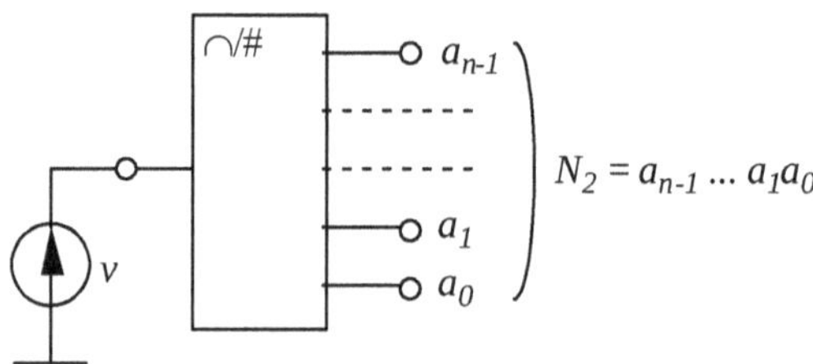

Chaque bit a_0, a_1, ..., a_{n-1} peut prendre soit une valeur logique 1, soit une valeur logique 0. Le 1 correspond habituellement à un potentiel haut et le 0, à un potentiel bas.

Au nombre binaire N_2 correspond le nombre décimal $N = a_{n-1}2^{n-1} + \ldots + a_1 2^1 + a_0 2^0$, dont la valeur maximale $N_{max} = 2^{n-1} + \ldots + 2^1 + 2^0 = 2^n - 1$.

La caractéristique de transfert *N(v)* devrait être linéaire : $N = kv$ avec *k* - une constante appelée *gain*. En réalité, elle a l'allure d'un escalier, même quand le CAN est idéal :

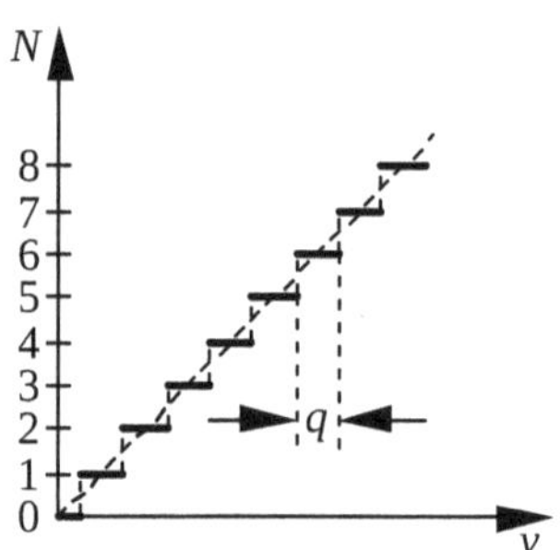

Ceci est dû au caractère discret du signal numérique qui ne peut prendre que 2^n valeurs distinctes. La plage des valeurs de la tension d'entrée pour lesquelles le nombre *N* reste le même s'appelle *quantum q* ou *bit de poids minimal LSB* (*least significant bit* en anglais). Si V_m est la valeur maximale possible de *v*, $q = LSB = \frac{V_m}{2^n}$. Dans les limites d'un quantum, l'erreur de la quantification varie de $\frac{1}{2}LSB$ à $-\frac{1}{2}LSB$. Pour qu'elle soit petite, il faut que *la résolution n du CAN* (le nombre de bits de N_2) soit grande.

<u>Exemple</u>. Si la dynamique de la tension d'entrée v est de 0 à V_m = 5 V, un CAN 8 bits idéal apportera une erreur de quantification entre $\frac{1}{2}LSB = \frac{1}{2} \times \frac{V_m}{2^n} = \frac{5}{2^9}$ = 9,76 mV et $-\frac{1}{2}LSB$ = - 9,76 mV, et un CAN 12 bits idéal, entre 0,61 mV et - 0,61 mV. La valeur du *LSB* (qui s'exprime en volts!) dépend donc de la résolution *n*.

A l'erreur de quantification s'adjoignent les erreurs du CAN réel qui s'expriment en *LSB* aussi. Elles sont dues aux imperfections des composants et apparaissent comme des non-linéarités ou décalage (offset) de la caractéristique de transfert *N(v)*.

Pour effectuer la conversion, chaque CAN a besoin d'un intervalle de temps minimal qui dépend de sa résolution *n*, de la méthode de conversion et de la rapidité de ses composants. Durant la conversion, le signal analogique doit rester constant ou presque (il n'est pas possible de mesurer avec précision une chose qui change rapidement!). Si ce n'est pas le cas, on fait d'abord passer le signal analogique v par un circuit qui s'appelle *échantillonneur-bloqueur* (S/H ou *Sample and Hold* en anglais) :

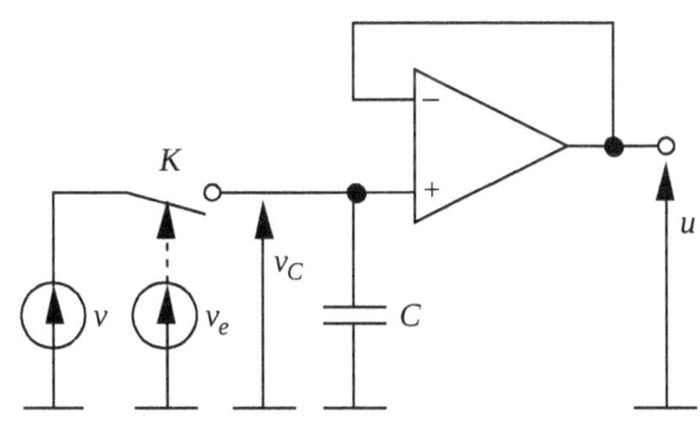

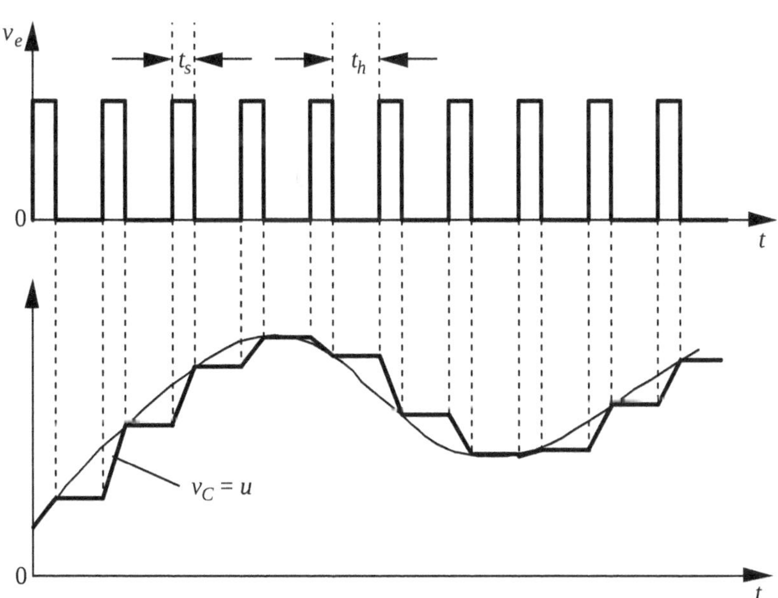

La clé K est commandée par une tension v_e qui représente une succession d'impulsions t_s et de pauses t_h. Durant les impulsions, la clé est fermée et le petit condensateur C se charge ou décharge vite à travers la source de signal jusqu'à ce que sa tension v_C "rattrape" la tension v. Pendant les pauses, la clé est ouverte et la tension v_C reste constante (mémorisée par le condensateur) à cause de l'énorme résistance d'entrée du montage tampon. *Le temps d'échantillonnage* t_s (*sampling time* en anglais) est très court (de l'ordre de quelques dizaines ou quelques centaines de nanosecondes). La conversion doit s'effectuer durant *le temps de mémorisation* t_h (*holding time* en anglais) pendant lequel la tension $u = u_C$ est constante. Ce temps doit être plus long que la conversion.

La fréquence de la tension v_e $f_e = \dfrac{1}{t_s + t_h}$ s'appelle *fréquence d'échantillonnage*. On prouve qu'elle doit être au moins deux fois plus élevée que la fréquence significative la plus haute du spectre du signal analogique v.

Les CAN sont le plus souvent des circuits intégrés qui comportent, si nécessaire, des échantillonneurs-bloqueurs incorporés, ainsi que des circuits supplémentaires qui les rendent plus faciles à coupler avec des microprocesseurs dans certains cas, ou avec un affichage dans d'autres cas. On les utilise dans les systèmes d'instrumentation numériques, mais aussi dans les systèmes de communication numériques (audio, vidéo, téléphonique, ...).

CAN à convertisseur tension-fréquence

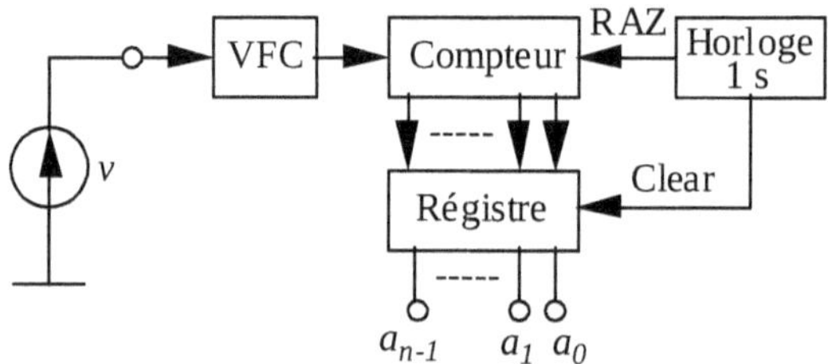

On compte le nombre d'impulsions générées par le VFC durant une seconde et on mémorise ce nombre dans un registre durant la seconde suivante. Le compteur, l'horloge et le registre constituent un *fréquencemètre*. Comme la fréquence du VFC est proportionnelle à la tension analogique d'entrée ($f = k_v v$), le signal numérique de sortie est proportionnel à v : $N = f = k_v v$.

On n'a pas besoin d'échantillonneur-bloqueur. Mais la conversion est lente et sa précision dépend fortement des tolérances et de la stabilité des paramètres des composants passifs du VFC (R, R_S, R_0, C_0 - voir la section 2.1).

CAN à double intégration

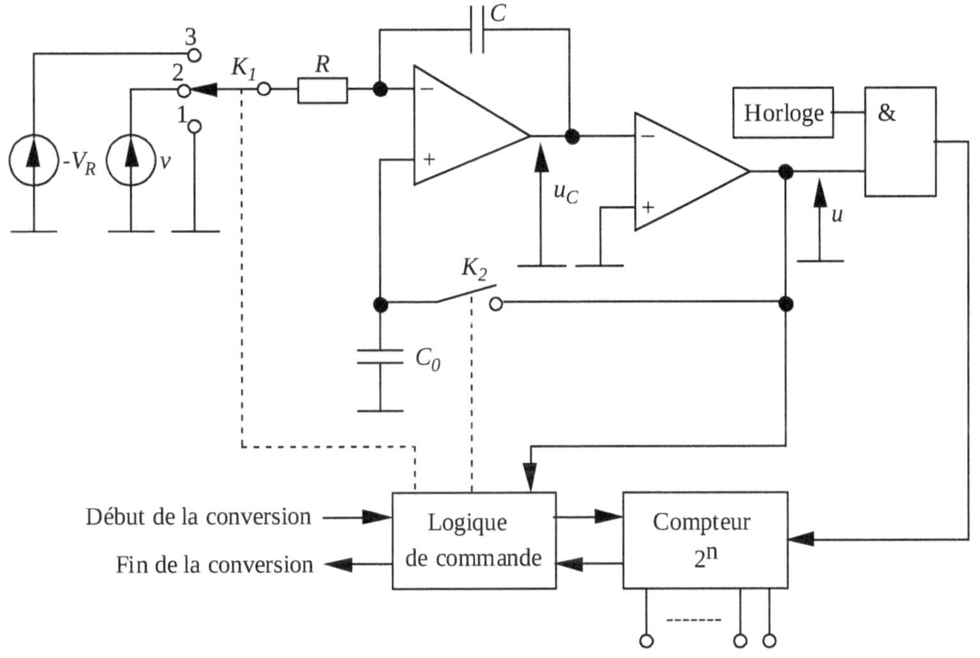

Le premier étage est un intégrateur et le deuxième, un comparateur.

Entre deux conversions la clé K_1 est en position 1 et la clé K_2 est fermée. Le condensateur C_0 se charge jusqu'à une petite tension telle que l'offset des deux étages soit compensé et la tension u_C sur le condensateur C soit pratiquement nulle et ne dérive pas. La tension de sortie du comparateur $u = U^0$ et bloque le passage des impulsions de l'horloge à travers la porte ET vers le compteur.

Le signal de début de la conversion commute la clé K_1 en position 2, ouvre la clé K_2 et remet à zéro le compteur à travers la logique de commande. Le condensateur C_0 est pratiquement déconnecté et "mémorise" la tension qui compense l'offset pendant la conversion. La tension à convertir v étant positive, la tension u_C devient négative, le comparateur bascule immédiatement à $u = U^1$, la porte ET s'ouvre et le compteur commence à compter les impulsions de l'horloge.

Quand le compteur est plein (après 2^n impulsions d'horloge), il se remet automatiquement à zéro et commute la clé K_1 en position 3 à travers la logique de commande. A partir de cet instant, le circuit commence à intégrer la tension de référence -V_R (négative) et la tension u_C croît. Quand $u_C = 0$, le comparateur bascule et $u = U^0$, ce qui ferme la porte ET et arrête le compteur, met la clé K_1 en position 1, ferme la clé K_2 et envoie un signal de fin de la conversion à travers la logique de commande. Le condensateur C_0 se recharge si nécessaire pour compenser l'offset. Une nouvelle conversion peut commencer par l'envoi d'un signal de début de conversion.

Supposons que pendant son intégration la tension v soit constante ou presque. La tension intégrée u_C sera alors linéaire :

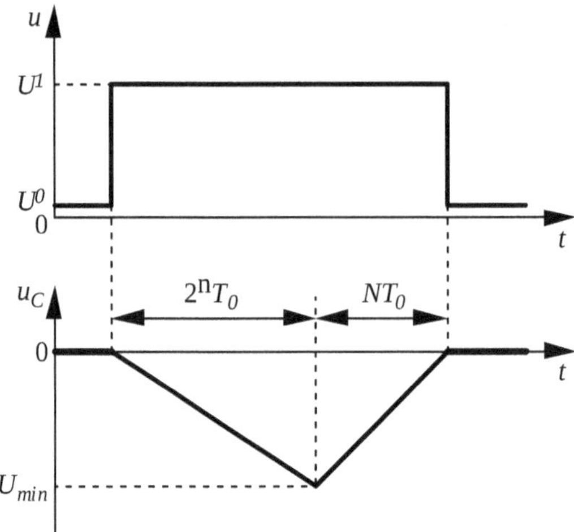

Son changement pendant l'intégration sera :

U_{min} - 0 = $-\dfrac{1}{RC}\int_0^{2^nT_0} v\ dt = -\dfrac{v}{RC}t\Big|_0^{2^nT_0} = -\dfrac{v}{RC}2^nT_0$ avec T_0 - la période des impulsions d'horloge.

Pendant l'intégration de la tension de référence $-V_R$, la tension u_C est linéaire, car $-V_R$ = const. A la fin de l'intégration $u_C = 0$ et le contenu du compteur est N (décimal). Le changement de u_C pendant cette deuxième intégration est

$$0 - U_{min} = -\frac{1}{RC}\int_0^{NT_0} -V_R\ dt = \frac{V_R}{RC}NT_0 .$$

Des deux dernières équations on trouve :

$N = 2^n\dfrac{v}{V_R}$, à condition que $v < V_R$ (pourquoi?).

Le contenu du compteur à la fin de la deuxième intégration est proportionnel à la tension analogique v.

Si la tension v n'est pas constante, le contenu du compteur sera proportionnel à son intégrale (sa valeur moyenne) pendant son intégration. Ce convertisseur n'a pas donc besoin d'échantillonneur-bloqueur, sauf en cas de variations très rapides de v.

On voit que N ne dépend pas de T_0, R, C et de l'offset des amplificateurs et leurs tolérances et instabilités. C'est un convertisseur de très grande précision. Sa résolution dépend de la capacité du compteur et peut atteindre 20 bits. Son inconvénient est qu'il est lent. Ceci délimite les domaines de son application - pour la conversion de signaux lents (provenant de capteurs de température par exemple), mais surtout dans les voltmètres et multimètres numériques.

CAN parallèles

La tension analogique v à convertir est appliquée aux entrées non inverseuses de 2^{n-1} comparateurs dont les seuils sont déterminés par la tension de référence V_R et le diviseur de 2^n résistances R. Quand v se trouve entre les seuils des comparateurs k et $k+1$, $c_1 = c_2 = ... = c_k = 1$ et $c_{k+1} = c_{k+2} = ... = c_{2^n-1} = 0$. Ce code est converti en binaire par le transcodeur.

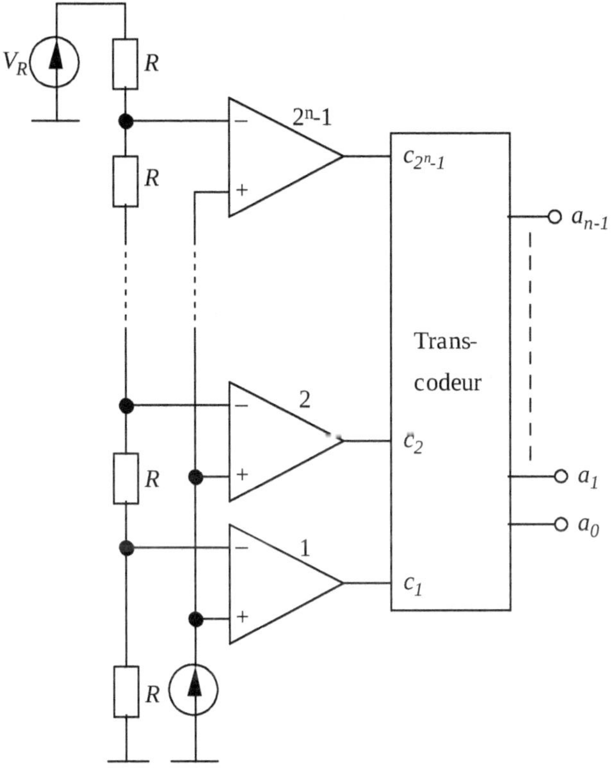

La conversion ne dure que quelques dizaines de nanosecondes à condition que les comparateurs et le transcodeur soient assez rapides. Ce sont les CAN les plus rapides : on les appelle "flash" (éclairs). Mais leur résolution n'est pas grande. Si, par exemple, n = 8, on aura besoin de 2^{n-1} = 255 comparateurs et 256 résistances, ce qui pose beaucoup de problèmes. En pratique, on utilise une architecture à deux étages ("half flash"). Pour notre exemple (n = 8) :

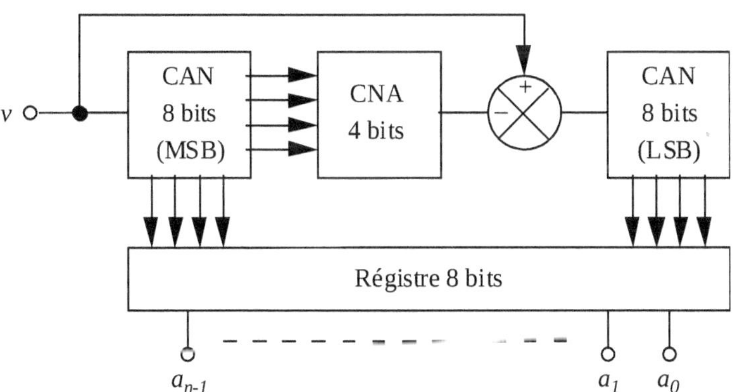

Le premier CAN donne une estimation numérique de v par défaut (les quatre bits de poids maximal ou *MSB - most significant bits* en anglais). Cette estimation est reconvertie en tension analogique par un convertisseur numérique-analogique (CNA) précis et ultra-rapide (voir la section 3.2), puis soustraite de la tension v. La différence est convertie par le deuxième CAN en un nombre qui correspond aux quatre bits de poids minimal (*LSB*). Les 8 bits de la valeur numérique de la tension v sont mémorisés temporairement dans un registre.

Tout se passe comme si on comptait d'abord les euros, puis les cents...

Le convertisseur est commandé par une horloge externe. La conversion est 2,5 à 3 fois plus lente que celle d'un convertisseur parallèle, mais le nombre des comparateurs est réduit à 30 au lieu de 255, ce qui permet d'éviter les difficultés techniques qui lui sont liées.

Quand la tension v est rapide (et c'est normalement le cas pour ce type de CAN), il est nécessaire d'utiliser un échantillonneur-bloqueur (incorporé).

Multimètres numériques

Un voltmètre numérique - c'est un CAN avec affichage et quelques commodités. Le CAN est dans la plupart des cas à double intégration. Il est précédé d'un atténuateur qui ramène la tension à mesurer pour chaque calibre à une valeur inférieure à la tension de référence V_R. L'atténuateur est conçu de façon à assurer la même résistance d'entrée de l'appareil (10 MΩ par exemple) à chaque calibre. Il y a aussi un circuit de changement et de reconnaissance du signe des tensions négatives.

La mesure de la valeur efficace des tensions sinusoïdales se fait en position AC, après les avoir redressées et filtrées. En réalité, on mesure leur valeur moyenne, mais on affiche la valeur efficace laquelle est 1,11 fois plus grande (pour un redressement en double alternance). La "multiplication" se fait par le choix de la tension V_R et donc, du taux de conversion. Le coefficient 1,11 n'est valable que pour des tensions purement sinusoïdales (sans composante continue). S'il y a une composante continue ou si la tension n'est pas sinusoïdale, la valeur efficace n'est pas vraie.

Il y a des appareils qui mesurent la valeur efficace vraie (*true RMS* en anglais) des tensions sinusoïdales ou non sinusoïdales avec ou sans composantes continues. Au lieu d'un redresseur, ils font appel à un convertisseur de la valeur efficace en valeur continue.

Les voltmètres numériques se caractérisent par leurs calibres, leur résistance d'entrée, le nombre de points de mesure, le nombre de digits affichés, leur résolution et leur précision.

Le nombre de points de mesure correspond à la capacité 2^n du compteur. Pour n = 15 par exemple, il est égal à 32 768, le zéro compris.

Le nombre de digits affichés est estimé comme suit. Si l'afficheur a 4 chiffres et les calibres sont égaux à 32×10^m (m entier), on peut afficher seulement 3 200 (ou plutôt 3 199) valeurs différentes. Le premier chiffre ne prendra jamais une valeur supérieure à 3, tandis que les trois autres peuvent prendre toutes les valeurs entre 0 et 9. On dit que le voltmètre est de trois digits et demi.

La résolution - c'est la tension qui correspond au bit de poids minimal (*LSB*) du compteur. Elle dépend du calibre. Le constructeur donne sa valeur pour le calibre minimal (question de publicité!). Si le calibre minimal est de 320 mV et le nombre de points de mesure 32 768, la résolution sera égale à $\dfrac{320 \times 10^{-3}}{32\ 768} \approx 10\ \mu\text{V}$.

La précision donne l'incertitude de la mesure. Elle est limitée par le nombre de digits, mais aussi par les défauts du CAN. Pour un nombre de valeurs différentes affichées de 3 200, on peut s'attendre à une incertitude de $\dfrac{1}{3\ 200} \times 100 = 0{,}031$ %. En réalité, elle est plus grande (0,05 % par exemple) à cause des défauts du CAN.

Le nombre de points de mesure, le nombre de digits affichés, la résolution et la précision sont étroitement liés. C'est la précision qui est peut-être la plus importante et peut se substituer aux autres.

Avec peu de moyens supplémentaires, on peut transformer un voltmètre numérique en un *multimètre*, capable de mesurer non seulement des tensions, mais aussi des courants et des résistances.

Pour mesurer un courant i, on le fait passer par une petite résistance R de valeur connue et on mesure la tension sur la résistance $u = Ri$ qui lui est proportionnelle.

Pour mesurer une résistance R, on fait passer un courant I de valeur connue à travers elle et on mesure la tension $U = RI$ qui lui est proportionnelle.

Exercices à résoudre

3.1.1 Précision d'un convertisseur analogique-numérique

Le ADC1061 est un CAN 10 bits alimenté par E = 5 V qui a une précision garantie de ± 2*LSB*.

a) Quelle est sa résolution?

Réponse : n = 10.

b) Calculer son quantum.

Réponse : q = 4,88 mV.

c) Exprimer sa précision en volts.

Réponse : ± 9,76 mV.

3.1.2 Échantillonneur-bloqueur

Le ADC1061 est un CAN 10 bits contenant un échantillonneur-bloqueur qui demande un temps d'échantillonnage t_s minimal de 250 ns. La conversion s'effectue en moins de 1,0 µs.

a) Calculer la valeur maximale de la fréquence d'échantillonnage f_e.

Réponse : f_{emax} = 488 kHz.

b) Quelle est la fréquence significative la plus haute possible du spectre du signal analogique?

Réponse : 244 kHz.

3.1.3 Convertisseur analogique-numérique à double intégration

Le contenu du compteur du CAN de la section 9.2.3 est N_2 = 0110100011. Quelle est la valeur de la tension analogique correspondante v, en sachant que la tension de référence V_R = 5 V?

Réponse : v = 2,04 V.

3.1.4 Convertisseur analogique-numérique parallèle

Soit un CAN parallèle 4 bits.

a) Compléter le tableau de transcodage :

c_1	c_2	c_3	c_4	c_5	c_6	c_7	c_8	c_9	c_{10}	c_{11}	c_{12}	c_{13}	c_{14}	c_{15}	a_3	a_2	a_1	a_0
0	0	0	0	0	0	0	0	0	0	0	0	0	0	0				
1	0	0	0	0	0	0	0	0	0	0	0	0	0	0				
1	1	0	0	0	0	0	0	0	0	0	0	0	0	0				
1	1	1	0	0	0	0	0	0	0	0	0	0	0	0				
1	1	1	1	1	1	1	1	1	1	1	1	1	1	1				

b) Calculer l'erreur de la quantification si V_R = 2 V.

Réponse : ± 62,5 mV.

3.1.5 Voltmètre numérique

On applique à l'entrée AC d'un voltmètre numérique ordinaire (non "true RMS") :

a) une tension V continue ;

b) une tension rectangulaire symétrique d'une valeur efficace V ;

c) une tension triangulaire symétrique d'une valeur efficace V.

Quelles seront les valeurs affichées, en supposant que le voltmètre soit idéal et qu'il n'y ait pas de condensateur de découplage à son entrée AC.

Réponses : **a)** $1{,}11V$; **b)** $1{,}11V$; **c)** $1{,}11\frac{\sqrt{3}}{2}V \approx 0{,}96V$.

3.1.6 Voltmètre numérique

Reprendre l'exercice 3.1.5 dans le cas d'un voltmètre numérique ayant un condensateur de découplage à son entrée AC.

Réponses : **a)** 0 ; **b)** $1{,}11V$; **c)** $0{,}96V$.

3.1.7 Voltmètre numérique

La précision d'un voltmètre numérique est de 0,5 %. Quelle est l'incertitude de la mesure, si au calibre de 3,2 V on affiche 0,417 V? Conclure.

Réponse : 16 mV ou 3,8 %.

Travail pratique

3.1.8 Mesures avec un voltmètre numérique

En utilisant l'alimentation stabilisée, le générateur de signaux, l'oscilloscope et le voltmètre numérique (ordinaire) du laboratoire, réaliser les liaisons nécessaires pour mesurer les tensions de l'exercice 3.1.5. Vérifier expérimentalement si le voltmètre a un condensateur de découplage à son entrée AC. Comparer les résultats des mesures aux résultats calculés de l'exercice 3.1.5 ou 3.1.6, le cas échéant.

Appliquer aussi une tension sinusoïdale avec composante continue $v = V_0 + V_m \sin\omega t$ et comparer la valeur affichée à la valeur efficace vraie $V = \sqrt{V_0^2 + \frac{V_m^2}{2}}$.

Tirer des conclusions pratiques.

Petit projet

3.1.9 Thermomètre à sortie numérique

Objectif

Réaliser et tester un thermomètre qui peut être directement branché à un micro-processeur.

Cahier des charges

(1) Sortie numérique parallèle 8 bits.

(2) Gamme de températures mesurées de 0 à 128 °C.

(3) Capteur de température : circuit intégré.

(4) Tension d'alimentation 5 V ± 5 %.

Suggestion de réalisation et consignes

Dans la solution proposée, le circuit intégré LM35 du constructeur *National Semiconductor* est un capteur de température dont la tension de sortie $V = 0{,}01T$ pour T de 0 à 150 °C quand la tension d'alimentation E se situe entre 4 et 30 V. Sa consommation est inférieure à 100 µA et son imprécision, à ± 1 °C.

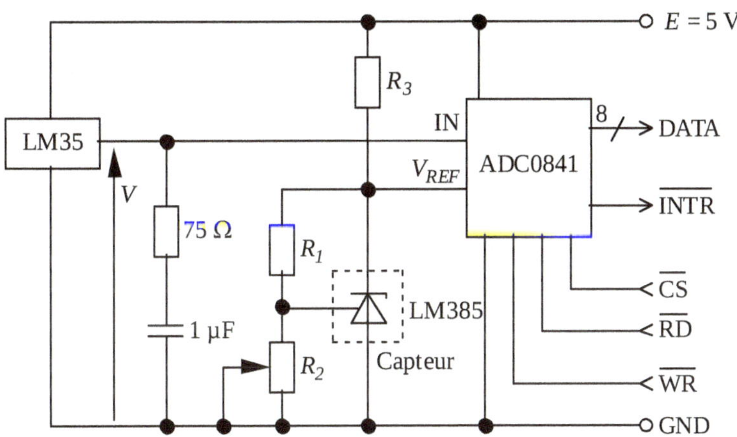

Le convertisseur analogique-numérique ADC0841 du constructeur *National Semiconducteur* est un circuit intégré CMOS d'une consommation de 15 mW qui convertit la tension V appliquée à son entrée IN en un code numérique de 8 bits. Le cycle de la conversion dure 40 µs. Les sorties trois états peuvent être connectées directement sur une ligne magistrale (bus) ; chacune d'elles peut fournir un courant supérieur à 6,5 mA en état logique bas et à 8 mA en état logique haut. Le convertisseur peut être adressé comme une mémoire à l'aide des broches $\overline{\mathrm{CS}}$ (Chip Select), $\overline{\mathrm{RD}}$ (Read), $\overline{\mathrm{WR}}$ (Write) et $\overline{\mathrm{INTR}}$ (Interrupt). La tension d'entrée V peut prendre des valeurs entre 0 et V_{REF} avec $V_{REF} \leq E$. Il faut donc que la tension de référence V_{REF} soit égale à la valeur maximale de V (1,28 V à T = 128 °C), ce qui est obtenu par l'utilisation d'une référence de tension ajustable LM385 du même constructeur. En réglant la résistance R_2, on peut obtenir une tension V_{REF} entre 1,24 et 5,3 V donnée par la formule :

$$V_{REF} = 1{,}24\left(\frac{R_1}{R_2} + 1\right).$$

Cette tension est indépendante de la température et reste stable quand le courant traversant le circuit intégré LM385 varie de 10 µA à 20 mA. La résistance de la source est inférieure à 1 Ω.

Le groupe 75 Ω-1 µF est optionnel. Le constructeur recommande son utilisation quand le thermomètre fonctionne dans un milieu industriel se caractérisant par des fortes perturbations électro-magnétiques provenant de moteurs à balais, de relais, d'émetteurs radio, de commutateurs à thyristors, etc.

Le convertisseur fonctionne de manière suivante. Le micro-processeur sélectionne le circuit en envoyant à l'entrée $\overline{\mathrm{CS}}$ un zéro et l'initialise en envoyant à l'entrée $\overline{\mathrm{WR}}$ une impulsion négative qui met la sortie $\overline{\mathrm{INTR}}$ en état haut. La conversion commence à la fin de l'impulsion (quand $\overline{\mathrm{WR}}$ passe de 0 à 1). Son rythme est commandé par une horloge incorporée. A la fin de la conversion qui dure 40 µs environ, le résultat est stocké dans le registre de sortie et la sortie $\overline{\mathrm{INTR}}$ passe à l'état bas. Ce signal est utilisé pour demander une interruption du micro-processeur. Pour lire le résultat, le micro-processeur envoie un zéro à l'entrée $\overline{RD}$, ce qui lie la sortie parallèle à son bus.

1 Se munir de la documentation du constructeur des circuits intégrés.

2 Choisir la somme des résistances R_1 et R_2 de façon que le courant les traversant soit entre 10 et 20 µA. Calculer le rapport $\frac{R_1}{R_2}$ et choisir les valeurs nominales de R_1 et R_2 de façon à pouvoir régler la tension V_{REF} de ± 5 % environ.

3 Choisir la résistance R_3 de façon que le courant passant par le circuit intégré LM385 soit de 0,5 mA environ, en sachant que la résistance d'entrée du convertisseur est égale à 1,1 kΩ.

4 Pour tester le circuit, réaliser sur une plaque à trous de laboratoire le montage suivant dans lequel les entrées $\overline{CS}$ et $\overline{RD}$ sont liées aux masses analogique AGND et numérique DGND, ce qui permet le fonctionnement du convertisseur et fait ses sorties accessibles en permanence.

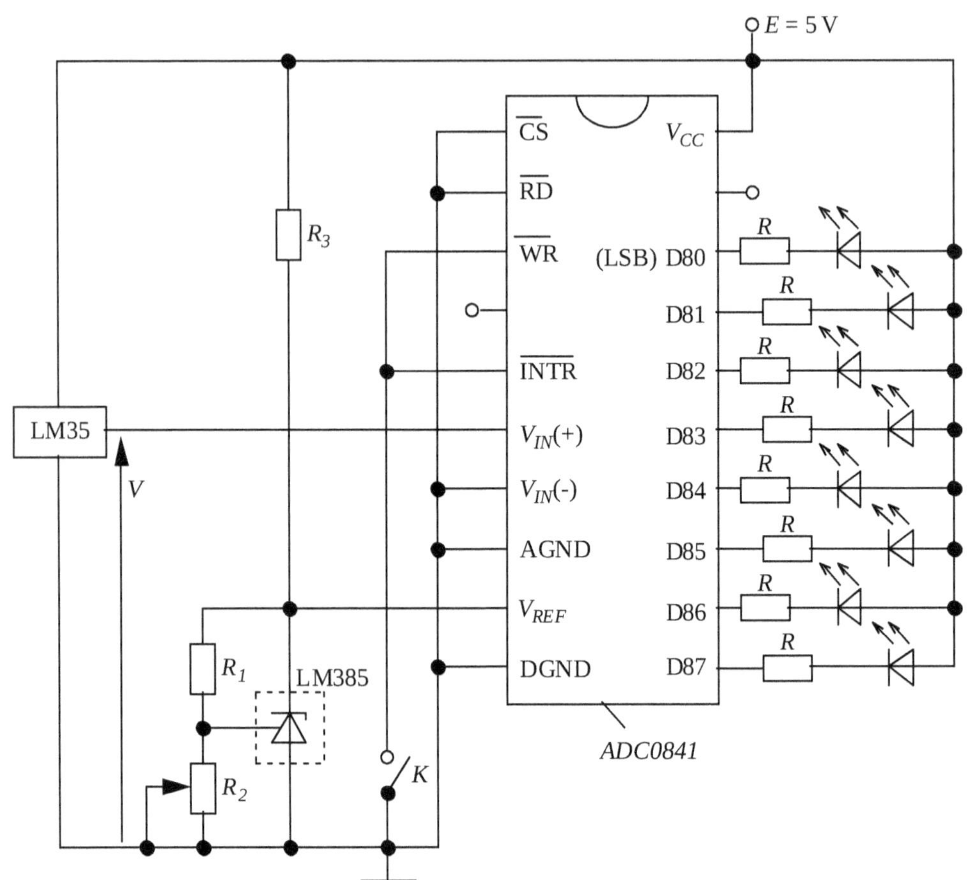

Les états logiques des sorties sont affichés par des diodes électroluminescentes. L'entrée du convertisseur étant différentielle, sa borne V_{IN}(-) est liée à la masse car la tension à convertir V n'est pas flottante. Après le branchement de l'alimentation, le convertisseur doit être initialisé en appliquant un zéro court à l'entrée $\overline{WR}$, ce qui peut être effectué à l'aide d'un bouton-poussoir K ou d'un fil. A la fin de la première conversion, la sortie $\overline{INTR}$ passe à l'état bas, ce qui réinitialise le convertisseur car cette sortie est liée à l'entrée $\overline{WR}$, pendant la réinitialisation $\overline{INTR}$ passe à l'état haut et une nouvelle conversion commence. Le résultat affiché est celui de la dernière conversion.

Choisir les résistances de protection des diodes électroluminescentes.

Régler la tension de référence à 1,28 V.

Relever le code numérique de sortie pour une dizaine de valeurs de la tension V entre 0 et 1,28 V mesurées par un voltmètre numérique à E = 4,75 et 5,25 V. Quelle est la résolution et comment est-elle influencée par les variations de la tension d'alimentation?

Relever le code numérique de sortie à quelques températures différentes mesurées par ce thermomètre et par un thermomètre de référence. Attention à l'étanchéité du capteur (suivre les instructions du constructeur). Estimer sa précision.

5 Réaliser le montage final sous forme d'un circuit imprimé. Utiliser des supports pour les circuits intégrés et un câble blindé pour le capteur.

6 Rédiger un compte rendu comprenant le cahier des charges, les schémas électriques, les dessins du circuit imprimé et de la carte, les résultats des calculs et des mesures, la nomenclature des composants, l'estimation du coût et des conclusions.

3.2 Convertisseurs numérique-analogique

Généralités

Le convertisseur numérique-analogique (CNA) transforme le signal numérique en analogique. Le signal numérique est habituellement un nombre binaire N_2 de n bits, et le signal analogique, une tension u :

$N_2 = a_{n-1} \ldots a_1 a_0$ — a_{n-1}, a_1, a_0 — #/∩ — u

Chaque bit a_0, a_1, ... , a_{n-1} peut prendre soit une valeur logique 1, soit une valeur logique 0. Le 1 correspond habituellement à un potentiel haut et le 0, à un potentiel bas.

Au nombre binaire N_2 correspond le nombre décimal $N = a_{n-1}2^{n-1} + \ldots + a_1 2^1 + a_0 2^0$, dont la valeur maximale $N_{max} = 2^{n-1} + \ldots + 2^1 + 2^0 = 2^n - 1$.

La caractéristique de transfert u(N) devrait être linéaire : $u = kN$ avec k - une constante appelée *gain*. En réalité, elle est constituée de 2^n points discrets disposés le long de cette ligne droite :

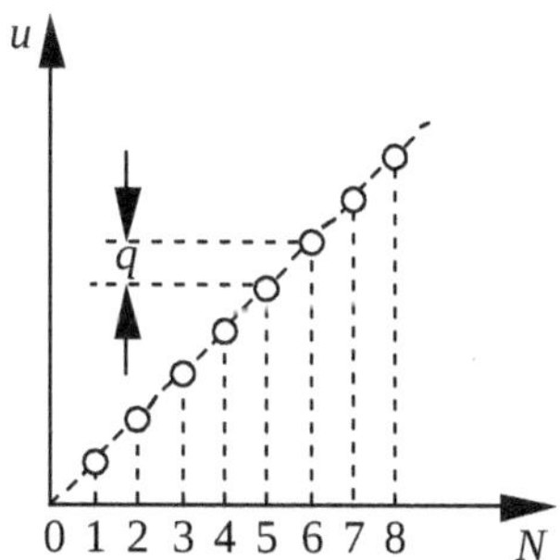

La différence entre deux valeurs voisines de u s'appelle *quantum q* ou *LSB* (en réalité, il s'agit de la valeur du *LSB* en volts, comme pour les CAN). C'est en *LSB* que s'expriment les erreurs de la conversion dues aux imperfections des composants. *La résolution* du CNA est égale au nombre n de bits de N. Plus elle est grande, plus la tension u s'approche à une vraie tension analogique.

Les CNA sont le plus souvent des circuits intégrés qui convertissent le signal numérique en un courant analogique, puis ce courant en tension. C'est la première conversion qui fait la différence entre eux. On les utilise dans les systèmes d'instrumentation ou de communication numériques (audio, vidéo, téléphoniques, ...).

CNA à résistances pondérées

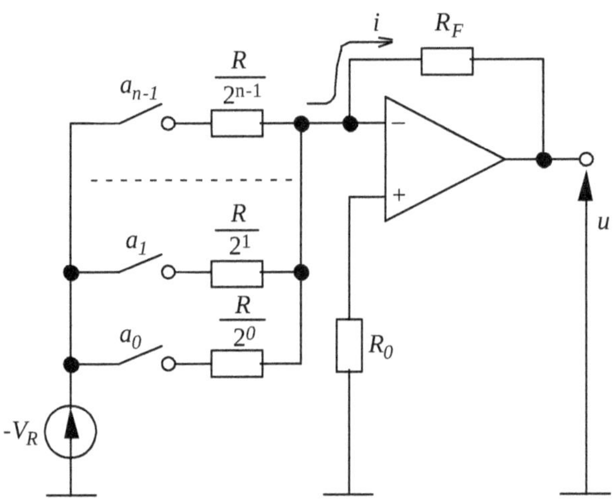

Les clés sont fermées quand le bit correspondant est égal à 1 et ouvertes quand il est égal à 0. Ce sont en effet des transistors commutés par le signal numérique. La tension de référence $-V_R$ (négative) doit être stable et connue. Si l'amplificateur opérationnel est idéal, $u = -iR_F$; il fonctionne donc comme un convertisseur courant-tension. On trouve facilement :

$$i = a_{n-1}\frac{-V_R}{\frac{R}{2^{n-1}}} + \ldots + a_1\frac{-V_R}{\frac{R}{2^1}} + a_0\frac{-V_R}{\frac{R}{2^0}} = -\frac{V_R}{R}(a_{n-1}2^{n-1} + \ldots + a_1 2^1 + a_0 2^0) = -\frac{V_R}{R}N,$$

$$u = V_R\frac{R_F}{R}N = kN \text{ avec } k = V_R\frac{R_F}{R}.$$

La résistance R_0 doit minimiser l'erreur due à l'offset de l'amplificateur opérationnel. Pour ce faire, elle doit être égale à $R_F \parallel a_{n-1}\frac{R}{2^{n-1}} \parallel \ldots \parallel a_1\frac{R}{2^1} \parallel a_0\frac{R}{2^0}$, ce qui donne une valeur différente pour chaque nombre N, tandis qu'elle ne peut avoir qu'une seule valeur. Un autre défaut de ce circuit sont les valeurs très différentes des résistances. Le rapport de deux résistances dans un circuit intégré est le plus précis quand elles sont égales. Quand il est grand, les dimensions et la forme des résistances diffèrent beaucoup et la corrélation entre elles est moindre. Cela signifie que les coefficients $2^0, 2^1, \ldots, 2^{n-1}$ seront moins précis et la conversion aussi. Enfin, les capacités parasites des résistances se chargent et déchargent entre 0 et $-V_R$ à chaque commutation, ce qui fait la conversion très lente.

A cause de ces défauts, ce CNA ne trouve guerre des applications pratiques. Son analyse nous a été nécessaire pour mieux comprendre le choix des solutions suivantes, ainsi que le chemin que doit habituellement parcourir la pensée technique pour aboutir à une solution optimale. On essaie d'abord de résoudre le problème avec des moyens qui paraissent les plus simples et évidents. On décèle les défauts et on cherche à les éviter ou atténuer en modifiant la solution ou en choisissant une autre.

CNA à sources de courant pondérées

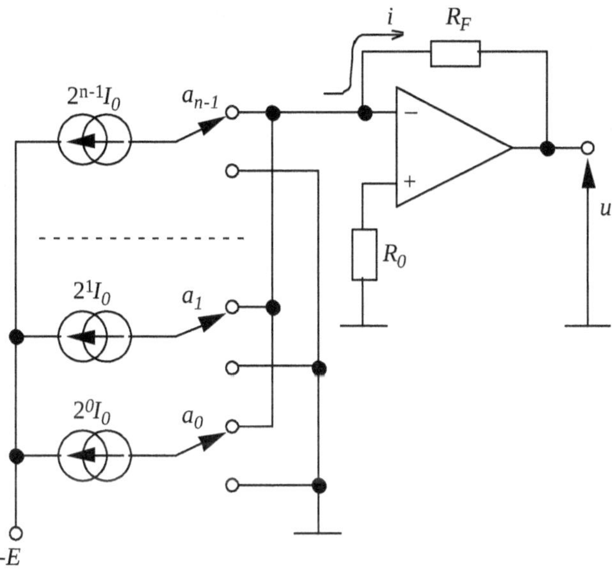

$i = - I_0(a_{n-1}2^{n-1} + ... + a_12^1 + a_02^0) = - I_0N,$

$u = - iR_F = I_0R_FN = kN$ avec $k = I_0R_F$.

Les sources de courant sont liées à la masse quand le bit correspondant est égal à 0, et à l'entrée inverseuse de l'amplificateur opérationnel, quand le bit correspondant est égal à 1. Comme l'entrée inverseuse est une masse virtuelle, il n'y a pas de charge et décharge des capacités parasites, ce qui assure une grande rapidité de la conversion.

La valeur nécessaire de la résistance R_0 pour minimiser l'offset est constante et égale à R_F, car les résistances internes des générateurs de courant sont négligeables.

Les générateurs de courant sont des transistors avec des résistances pondérées dans les émetteurs. Le rapport entre la plus grande et la plus petite de ces résistances est égal à 2^{n-1}, comme dans le CNA à résistances pondérées. La valeur raisonnable de n est maximum 4. Pour obtenir un CNA d'une résolution de 8 bits, on utilise le montage suivant :

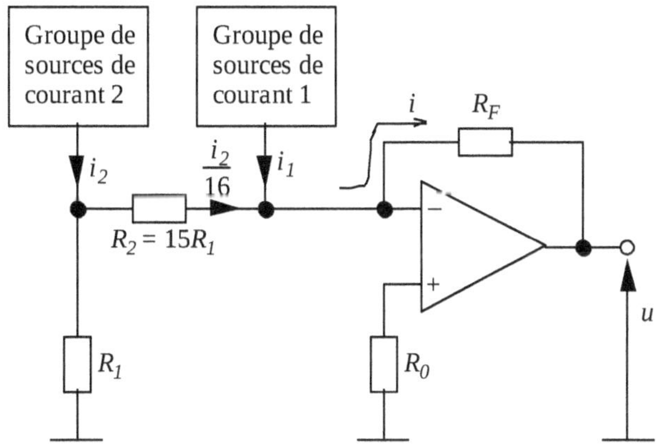

Les deux groupes de sources de courant sont identiques à celui de la figure précédente, d'une résolution de 4 bits chacun, mais le premier est commandé par les quatre *MSB* a_7, a_6, a_5 et a_4, et le deuxième, par les quatre *LSB* a_3, a_2, a_1 et a_0 du nombre binaire N_2 :

$i_1 = - I_0(a_7 2^7 + a_6 2^6 + a_5 2^5 + a_4 2^4)$,

$i_2 = - I_0(a_3 2^7 + a_2 2^6 + a_1 2^5 + a_0 2^4)$.

Les *LSB* ont un poids $2^4 = 16$ fois plus petit que les *MSB*. C'est pour cela qu'avant d'être additionné à i_1, le courant i_2 doit être réduit 16 fois. C'est le rôle des résistances R_1 et R_2 qui constituent un diviseur de courant (l'entrée inverseuse de l'amplificateur opérationnel est une masse virtuelle). La tension de sortie

$$u = - iR_F = - (i_1 + \frac{i_2}{2^4})R_F = I_0(a_7 2^7 + a_6 2^6 + ... + a_1 2^1 + a_0 2^0)R_F$$

$$= I_0 R_F N \text{ avec } N = a_7 2^7 + ... + a_1 2^1 + a_0 2^0.$$

Chaque groupe de sources de courant comporte quatre résistances d'un rapport maximal de $2^3 = 8$. Le montage précédent comporterait un groupe de sources de courant à 8 résistances d'un rapport maximal de $2^7 = 128$.

CNA à réseau *R*-2*R*

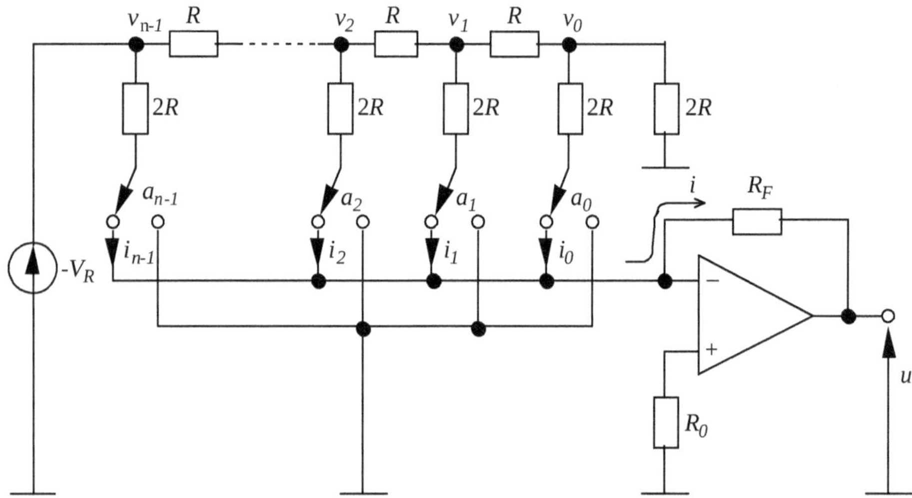

Les clés sont liées à la masse quand le bit correspondant est égal à 0, et à l'entrée inverseuse de l'amplificateur opérationnel, quand le bit correspondant est égal à 1. Dans les deux cas, le potentiel de l'extrémité basse de chacune des résistances 2*R* est nul. On trouve facilement que les potentiels de leurs extrémités hautes sont :

$v_1 = 2v_0$, $v_2 = 2v_1 = 2^2 v_0$, ..., $v_{n-1} = 2^{n-1} v_0$ avec $v_{n-1} = - V_R$, donc $v_0 = \frac{-V_R}{2^{n-1}}$.

$$\text{Le courant } i = i_0 + i_1 \approx i_2 + ... + i_{n-1} = a_0 \frac{v_0}{2R} + a_1 \frac{v_1}{2R} + a_2 \frac{v_2}{2R} + ... + a_{n-1} \frac{v_{n-1}}{2R}$$

$$= a_0 \frac{v_0}{2R} + a_1 \frac{2v_0}{2R} + a_2 \frac{2^2 v_0}{2R} + ... + a_{n-1} \frac{2^{n-1} v_0}{2R} = \frac{v_0}{2R}(a_0 2^0 + a_1 2^1 + a_2 2^2 + ... + a_{n-1} 2^{n-1})$$

$$= -\frac{V_R}{2^n R} N \text{ avec } N = a_{n-1} 2^{n-1} + ... + a_1 2^1 + a_0 2^0.$$

Ce courant est converti en tension :

$$u = -iR_F = \frac{V_R R_F}{2^n R} N = kN \text{ avec } k = \frac{V_R R_F}{2^n R}.$$

Ce montage est rapide, car il n'y a pas de changement de potentiels pendant la commutation (pas de charge et décharge des capacités parasites). Le rapport maximal des résistances est seulement 2, ce qui garantie une haute précision de la conversion. Mais l'erreur due à l'offset de l'amplificateur opérationnel est difficile à minimiser, car la valeur exigée de R_0 dépend de N. Il faut que l'amplificateur opérationnel soit d'une grande précision (faible offset).

Exercices à résoudre

3.2.1 CNA à sources de courant pondérées

a) Calculer les résistances R_F et R_0 du CNA afin que la tension de sortie en pleine échelle soit égale à 5 V, si sa résolution $n = 4$ et le courant $I_0 = 50$ µA.

Réponse : $R_F = R_0 = \frac{U_{\max}}{2^n I_0} = 6{,}25$ kΩ.

b) Calculer le gain et le quantum du CNA.

Réponse : $k = q = LSB = \frac{U_{\max}}{2^n} = 0{,}312$ V.

3.2.2 CNA à sources de courants pondérées à deux étages

a) Calculer le gain et le quantum du CNA pour lequel $n = 8$, si la tension de sortie en pleine échelle $U_{max} = 5$ V.

Réponse : $k = q = LSB = \frac{U_{\max}}{2^n} = 19{,}5$ mV.

b) Quelle doit être la valeur de R_0 pour que l'erreur due à l'offset soit minimale?

Réponse : $R_0 = R_F \parallel (R_1 + R_2)$.

3.2.3 CNA à réseau *R-2R*

Pour ce CNA :

a) Prouver, en appliquant le théorème de Thévenin au réseau *R-2R*, que $v_k = 2v_{k-1}$ $(k = 1, 2, \ldots, n - 1)$.

b) Calculer le gain k pour que la tension de sortie en pleine échelle $U_{max} = 5$ V, si $n = 12$ bits.

Réponse : $k = \frac{U_{\max}}{2^n} = 1{,}22$ mV.

c) Calculer R_F si $V_R = 5$ V et $R = 1$ kΩ.

Réponse : $R_F = 1$ kΩ.

4 Conversions DC↔DC

4.1 Hacheurs

Ce sont des circuits qui convertissent une tension continue (DC) en une autre. Ils sont utilisés par exemple dans les régulateurs (les stabilisateurs) de tension, dans les variateurs de vitesse des moteurs à courant continu et pour obtenir une tension d'alimentation voulue à partir d'une autre, plus grande ou plus petite.

Le mot d'ordre de la conversion DC-DC, comme de chaque conversion d'énergie, c'est le rendement. Elle doit être effectuée avec une perte minimale d'énergie. C'est pour cela qu'abaisser une tension à l'aide d'un potentiomètre par exemple n'est pas une bonne solution de point de vue énergétique ; on ne l'utilise que dans des circuits de faible puissance à cause de sa simplicité.

La conversion de tension s'accompagne bien sûr d'une conversion de courant (pourquoi?).

♦ Hacheur-abaisseur

Son schéma de principe est montré à la figure 8a. La tension V est une tension continue positive à convertir. L'interrupteur K est un transistor ou un thyristor commuté par un signal périodique en créneaux d'une période T et d'un rapport cyclique γ (gamma).

La figure 8b donne l'allure des tensions et des courants dans le circuit en régime établi (permanent). Durant l'intervalle de temps de 0 à γT l'interrupteur K est fermé, la tension sur la diode $v_D \approx V$ et la diode est bloquée. D'après la loi des mailles $v_D = L\frac{di_L}{dt} + U$ ou bien $\frac{di_L}{dt} = \frac{V-U}{L}$. Étant donné que la tension U est presque constante et inférieure à V, le courant i_L croît d'une façon presque linéaire : $\frac{di_L}{dt} \approx \text{const} > 0$.

Durant l'intervalle de temps de γT à T l'interrupteur K est ouvert. A son ouverture le courant i_L ne s'annule pas immédiatement (c'est le courant d'une bobine), mais commence à diminuer en créant une f.e.m. $L\frac{di_L}{dt} < 0$ qui compense U et fait v_D négative. Quand v_D atteint $-V_0 \approx -0{,}6$ V, la diode devient passante en empêchant ainsi la tension v_D de devenir une surtension dangereuse et en assurant la continuité (la non annulation) du courant i_L. Si la commutation est assez rapide ($dt \approx 0$), l'ouverture de la diode est presque immédiate, sans que le courant i_L diminue d'une façon perceptible ($|di_L| << i_L$), même si L n'est pas grande. Durant l'intervalle de temps de γT à T donc $v_D = -V_0$ et $\frac{di_L}{dt} = \frac{-V_0 - U}{L} \approx \text{const} < 0$: le courant i_L décroît d'une façon presque linéaire.

La diode qui permet au courant i_L de circuler quand le hacheur est coupé de la source de tension V sur le compte de l'énergie emmagasinée dans la bobine, s'appelle *diode de roue libre*, par analogie avec le dispositif des bicyclettes qui permet de rouler sans pédaler.

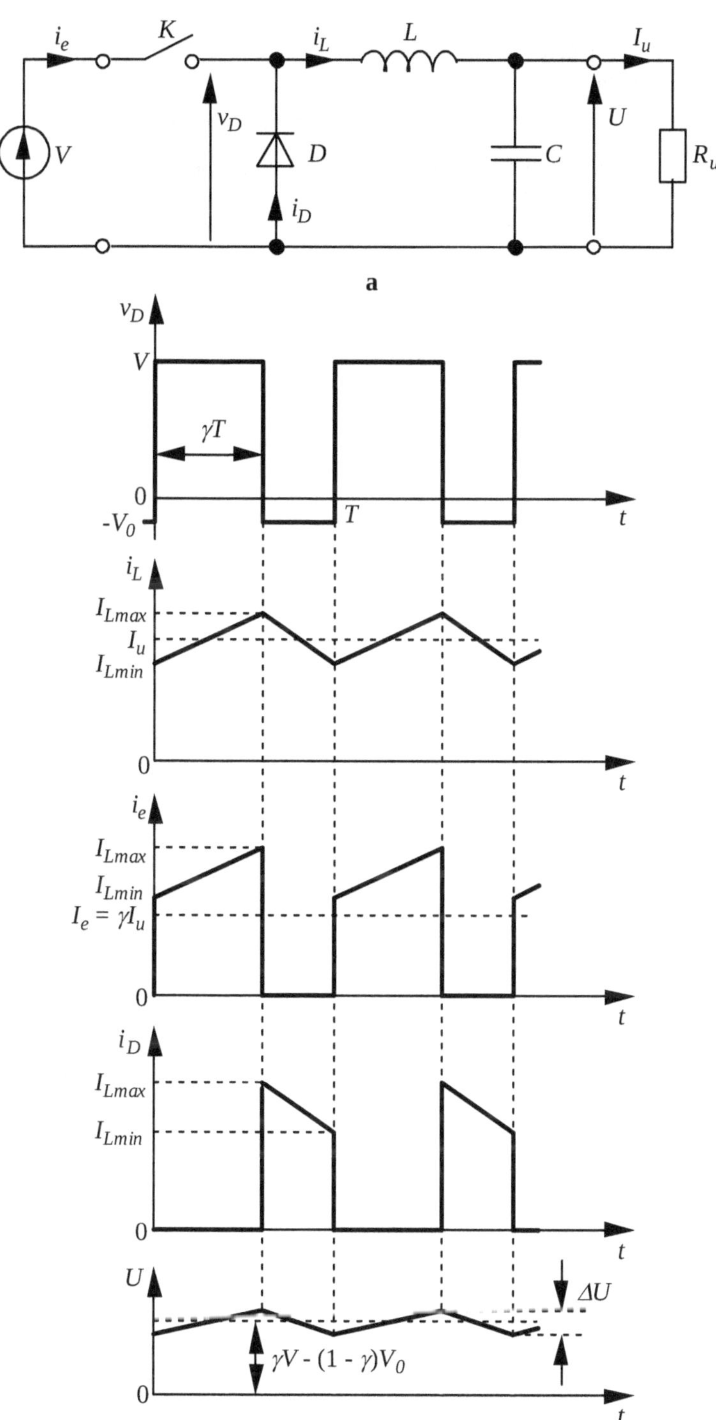

Fig. 8 Hacheur-abaisseur :

a - schéma de principe ; b - chronogrammes des tensions et des courants

Le régime permanent est précédé par un régime transitoire qui dure quelque dizaines de périodes. Au moment de basculement de V, la tension $U = 0$ (c'est la tension d'un condensateur) et la vitesse $\frac{di_L}{dt} = \frac{V-U}{L}$ avec laquelle i_L croît est maximale, tandis que la vitesse $\frac{di_L}{dt} = \frac{-V_0-U}{L}$ avec laquelle i_L décroît est minimale. En résultat, i_L et U croissent progressivement, comme le courant et la tension de sortie d'un redresseur pendant son régime transitoire. Cette croissance se ralentit dans le temps et s'arrête à la fin du régime transitoire.

Pendant le régime permanent, le courant i_L varie presque linéairement entre une valeur minimale I_{Lmin} et une valeur maximale I_{Lmax} ou vice versa. Ceci nous permet de résoudre facilement les équations différentielles écrites ci-dessus :

$$\int_{I_{L\min}}^{I_{L\max}} di_L = \int_0^{\gamma T} \frac{V-U}{L}\, dt \text{ et } \int_{I_{L\max}}^{I_{L\min}} di_L = \int_{\gamma T}^{T} \frac{-V_0-U}{L}\, dt,$$

ce qui donne :

$$I_{Lmax} - I_{Lmin} = \frac{V-U}{L}\gamma T = \frac{V_0+U}{L}(1-\gamma)T, \qquad (5)$$

$$U = \gamma V - (1-\gamma)V_0. \qquad (6)$$

La tension de sortie U est donc une tension continue proportionnelle à la tension d'entrée V. Sa valeur peut être choisie ou réglée en choisissant ou en réglant le rapport cyclique γ du signal de commande de l'interrupteur K.

En réalité, la tension U n'est pas purement continue. C'est la tension v_D filtrée par la bobine et le condensateur. Comme aucun filtrage n'est parfait, à la composante continue U donnée par la dernière équation s'ajoute une composante alternative (une *ondulation*) ΔU qui dépend de la qualité du filtrage.

On choisit $\frac{1}{\omega C} \ll R_u$ et $\omega L > R_u$, ce qui doit être vrai pour la fréquence la plus basse du spectre de v_D : celle de la commutation $f = \frac{1}{T}$. La fonction de transfert du filtre L-C est alors :

$\frac{\frac{1}{j\omega C}}{j\omega L + \frac{1}{j\omega C}} \approx \frac{\frac{1}{j\omega C}}{j\omega L} = -\frac{1}{\omega^2 LC}$. Son module est $\frac{1}{\omega^2 LC}$ (le déphasage est sans importance). Pour que l'ondulation soit petite, sans que L et C soient trop encombrants, il faut que la fréquence de commutation f soit élevée. Ce qui signifie aussi qu'il faut choisir la diode et le transistor-interrupteur assez rapides.

La puissance moyenne fournie à la charge R_u est $P_u = UI_u$ où $I_u = \frac{I_{L\max} + I_{L\min}}{2}$ est la valeur moyenne du courant i_L.

La puissance moyenne puisée de la source de tension V est $P_e = VI_e = V\gamma I_u$ où $I_e = \gamma I_u$ est la valeur moyenne du courant d'entrée i_e.

Le rendement du hacheur est alors

$$\eta = \frac{P_u}{P_e} = \frac{U}{\gamma V} = \frac{\gamma V - (1-\gamma)V_0}{\gamma V} = 1 - \frac{1-\gamma}{\gamma} \times \frac{V_0}{V}. \qquad (7)$$

Il dépend du rapport cyclique du signal de commande et est d'autant plus proche de l'unité que la tension du coude de la diode V_0 est petite. Pour l'augmenter, surtout quand la tension V est petite, on choisit une diode de Schottky qui a $V_0 = 0{,}3$ à $0{,}4$ V et en plus est plus rapide qu'une diode à jonction PN.

On s'aperçoit que le courant moyen puisé de la source V est plus petit que le courant moyen fourni à la charge ($I_e = \gamma I_u$), tandis que la tension d'entrée V est plus grande que la tension de sortie U ($V \approx \frac{U}{\gamma}$). Une analogie avec le transformateur qui est un convertisseur AC-AC s'impose : le hacheur est un "transformateur" DC.

♦ Hacheur-élévateur

La figure 9 représente le schéma de principe et les chronogrammes des tensions et des courants en régime permanent d'un hacheur-élévateur.

L'interrupteur K (un transistor ou un thyristor) est commuté par un signal périodique en créneaux d'une période T et d'un rapport cyclique γ. Il est fermé pendant l'intervalle de temps de 0 à γT et ouvert pendant l'intervalle de temps de γT à T. Quand il est fermé, $V = L\frac{di_L}{dt}$ ou bien $\frac{di_L}{dt} = \frac{V}{L}$ = const > 0 ; le courant i_L croît d'une façon linéaire d'une valeur minimale I_{Lmin} à une valeur maximale I_{Lmax}. On obtient alors :

$$\int_{I_{L\,min}}^{I_{Lmax}} di_L = \int_0^{\gamma T} \frac{V}{L}\,dt \text{ ou } I_{Lmax} - I_{Lmin} = \frac{V}{L}\gamma T.$$

Pendant ce temps la diode est bloquée et le condensateur se décharge à travers la résistance de la charge R_u. On choisit la capacité du condensateur assez grande pour que la décharge soit lente et non significative. A cette condition, elle est presque linéaire et on peut écrire :

$$U = -R_u C\frac{dU}{dt} \approx -R_u C\frac{\Delta U}{\Delta t} = \text{const (la valeur moyenne) et } \frac{\Delta U}{U} = -\frac{\Delta t}{R_u C} = -\frac{\gamma T}{R_u C} = -\frac{\gamma}{fR_u C} \text{ où } f = \frac{1}{T}$$

est la fréquence de la commutation de l'interrupteur K.

L'ondulation dépend donc du rapport cyclique du signal de commande, de sa fréquence f et, bien sûr, de la constante de temps R_uC.

A l'ouverture de l'interrupteur K, le courant i_L commence à décroître et crée une f.e.m. $L\frac{di_L}{dt} < 0$ qui s'ajoute à V avec le même signe et ouvre la diode. D'après la loi des mailles, $V = L\frac{di_L}{dt} + V_0 + U$ ou bien $\frac{di_L}{dt} = \frac{V - U - V_0}{L} \approx$ const < 0 ; la décroissance de i_L est presque linéaire, de I_{Lmax} à I_{lmin} en régime permanent. On obtient alors :

$$\int_{I_{L\,max}}^{I_{Lmin}} di_L = \int_{\gamma T}^{T} \frac{V - U - V_0}{L}\,dt \text{ ou } I_{Lmax} - I_{Lmin} = -\frac{V - U - V_0}{L}(1-\gamma)T.$$

Des deux expressions pour $I_{Lmax} - I_{Lmin}$ on trouve :

$$\frac{V}{L}\gamma T = -\frac{V - U - V_0}{L}(1-\gamma)T,$$

$$U = \frac{V}{1-\gamma} - V_0. \qquad (8)$$

Comme la tension du coude de la diode V_0 est petite et $\gamma < 1$, il suit que la tension de sortie U est supérieure à la tension d'entrée V : c'est un hacheur-élévateur de tension.

Pendant l'intervalle de temps de γT à T, le condensateur se recharge à travers la diode D.

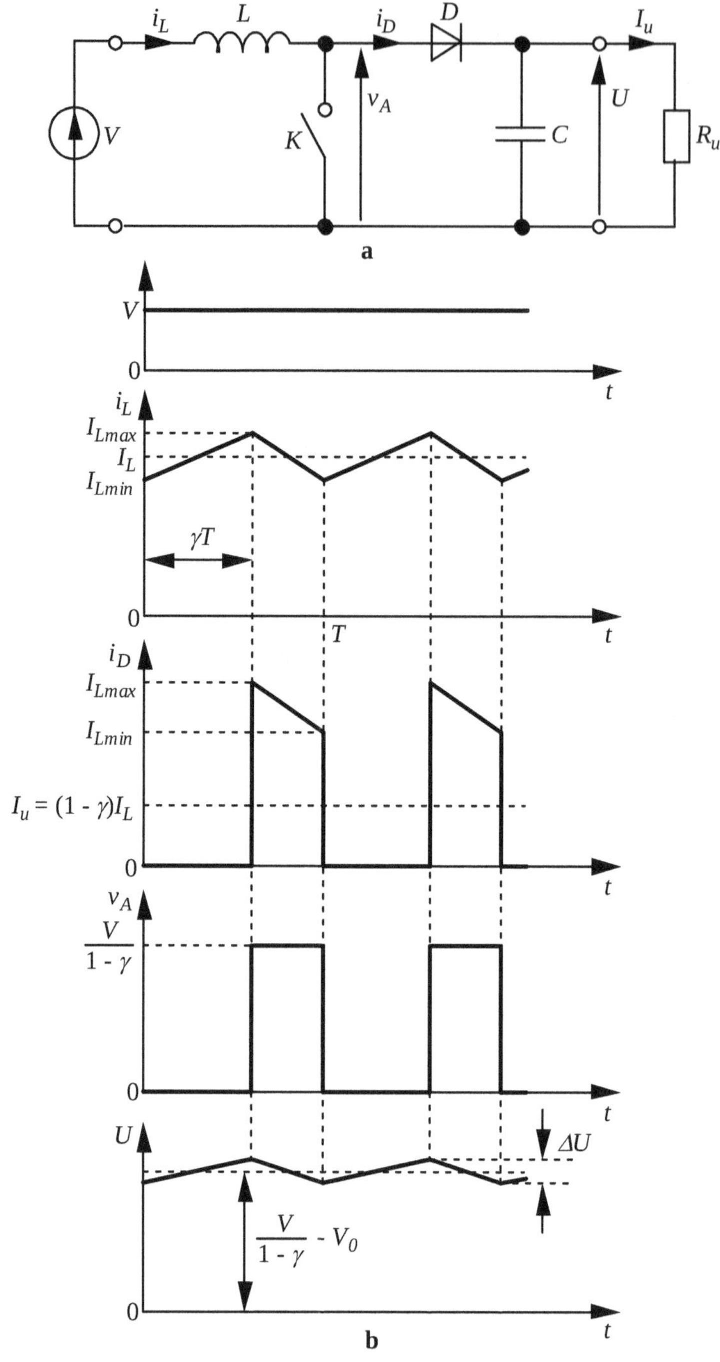

Fig. 9 Hacheur-élévateur :

a - schéma de principe ; b - chronogrammes des tensions et des courants

La puissance moyenne fournie à la charge R_u est $P_u = UI_u = U(1 - \gamma)I_L$ où $I_L = \frac{I_{L\max} + I_{L\min}}{2}$ est la valeur moyenne du courant de la bobine i_L et $I_u = (1 - \gamma)I_L$ est la valeur moyenne du courant de la diode i_D.

La puissance moyenne puisée de la source de tension V est $P_e = VI_L$.

Le rendement du hacheur est alors

$$\eta = \frac{P_u}{P_e} = \frac{U(1-\gamma)}{V} = 1-(1-\gamma)\frac{V_0}{V}.$$

Il dépend du rapport cyclique du signal de commande et de la tension du coude de la diode.

On s'aperçoit que le courant moyen I_u fourni à la charge est plus petit que le courant moyen I_L puisé de la source V ($I_u = (1-\gamma)I_L$), tandis que pour les tensions U et V la proportion est inverse ($U \approx \frac{V}{1-\gamma}$). Ce hacheur est donc un "transformateur" DC.

Dans ce montage, le filtrage de la tension de sortie se fait uniquement par le condensateur ; la bobine sert à élever la valeur de cette tension au dessus de V.

Exercices résolus

4.1.1 Conception d'un hacheur-abaisseur de tension

Soit le hacheur de la figure 8.

a) Calculer le rapport cyclique du signal de commande pour abaisser la tension d'entrée de 5 à 3,3 V, si la diode a une tension de coude $V_0 = 0{,}6$ V.

b) Choisir l'inductance de la bobine pour que le courant à travers elle ne s'annule pas, si la fréquence du signal de commande $f = 40$ kHz et le courant fourni à la charge $I_u = 200$ mA.

c) Choisir le condensateur pour que le taux d'ondulation $\frac{\Delta U}{U}$ de la tension de sortie soit inférieur à 0,1 %.

d) Calculer le rendement du circuit.

e) Calculer la valeur moyenne du courant que doit fournir la source de tension d'entrée.

Solution

a) De (6), on trouve : $\gamma = \frac{U+V_0}{V+V_0} = \frac{3{,}3+0{,}6}{5+0{,}6} \approx 0{,}7.$

b) De l'équation $I_u = \frac{I_{L\max} + I_{L\min}}{2}$, pour que $I_{Lmin} > 0$, il faut que $I_{Lmax} < 2I_u$. De l'équation 5, pour que $I_{Lmin} > 0$, il faut que $L > \frac{V-U}{I_{L\max}}\gamma T$, donc $L > \frac{V-U}{2I_u}\gamma T = \frac{(V-U)\gamma}{2I_u f} = \frac{(5-3{,}3)0{,}7}{2\times 0{,}2\times 40\times 10^3} =$ 74,4 µH. Prenons $L = 100$ µH avec réserve.

c) La tension v_D est rectangulaire, d'une valeur crête-à-crête égale à $V + V_0$ (voir la figure 8b). La valeur crête-à-crête de son premier harmonique n'est pas beaucoup plus grande. Pour éviter les calculs fastidieux dont en plus nous n'avons pas les connaissances, supposons que pour $\gamma = 0{,}7$ la valeur crête-à-crête du premier harmonique ne dépasse pas $1{,}5V$. Après le passage par le filtre L-C, le premier harmonique sera abaissé $\frac{1}{\omega^2 LC}$ fois. Les autres harmoniques vont pratiquement disparaître, car leurs amplitudes sont plus petites et leurs fréquences plus élevées. L'ondulation ΔU

sera alors au maximum égale à $\frac{1,5V}{\omega^2 LC}$ et le taux d'ondulation $\frac{\Delta U}{U} = \frac{1,5V}{\omega^2 LCU}$, d'où on peut calculer la valeur nécessaire de C :

$$C \geq \frac{1,5V}{\omega^2 LU(\frac{\Delta U}{U})} = \frac{1,5 \times 5}{(2\pi \times 40 \times 10^3)^2 \times 100 \times 10^{-6} \times 3,3 \times 0,001} = 359,8\ \mu\text{F}.$$

Remarque. Ce calcul ne tient pas compte de la résistance des pertes du condensateur r qui apparaît en série à C dans son schéma équivalent. Cette résistance augmente l'ondulation ΔU, car le courant à travers elle change de direction pendant la décharge du condensateur et crée une chute supplémentaire de la tension U. Pour tenir compte de cette influence, on choisit la capacité du condensateur au moins 2 fois plus grande que la valeur calculée. Les condensateurs à tantale sont préférés devant ceux à aluminium, parce que leur résistance r est plus petite.

Choisissons donc un condensateur chimique à tantale d'une capacité C = 1 000 µF. La tension nominale du condensateur doit être la plus petite possible (mais supérieure à U), car la résistance r dans ce cas est aussi plus petite.

d) De (100) on calcule : $\eta = 1 - \frac{1-\gamma}{\gamma} \times \frac{V_0}{V} = 1 - \frac{1-0,7}{0,7} \times \frac{0,6}{5} \approx 0,95$. En réalité, il sera plus petit à cause des pertes dans l'interrupteur, la bobine et le condensateur dont nous n'avons pas tenu compte.

e) $I_e = \gamma I_u = 0,7 \times 200 = 140$ mA.

4.1.2 Régulateur-élévateur de tension

Les régulateurs de tension sont des circuits qui permettent d'obtenir une tension continue U stabilisée à partir d'une tension continue V non stabilisée. Ce sont donc des stabilisateurs de tension ; le nom régulateur provient du fait qu'ils utilisent une rétroaction négative laquelle maintient la tension de sortie stable. La figure suivante est le schéma de principe d'un régulateur de tension ($U > V$). Il comporte un hacheur-élévateur de tension (L, D, C, K) avec, comme interrupteur K, un transistor NPN (voir aussi la figure 9a). La tension de sortie U est divisée par le groupe R_1- R_2 et comparée à une tension de référence V_R stable. La tension d'erreur V_{ER} à la sortie du comparateur analogique A commande le rapport cyclique γ du multivibrateur qui fonctionne comme un générateur d'impulsions modulé. La modulation est de type PWM (Pulse Width Modulation). Si la tension U croît (à cause d'une variation de V, de I_u ou de la température par exemple), V_{ER} décroît, le rapport cyclique diminue et la tension U décroît (voir la formule 101), et vice versa, ce qui maintient U stable.

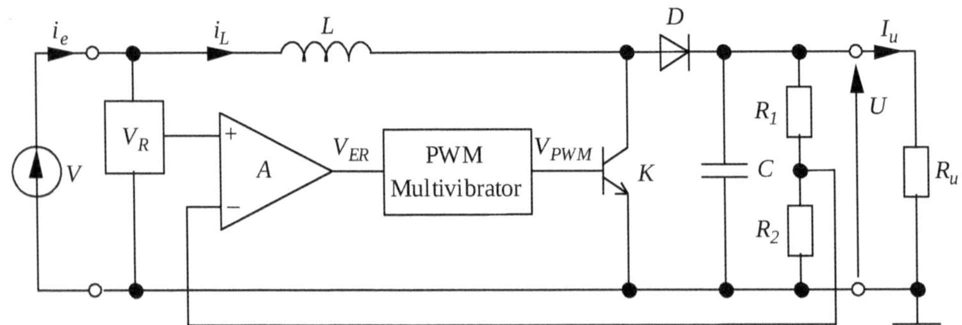

Le circuit intégré TL497 du constructeur *Texas Instruments* contient tous les éléments d'un régulateur-élévateur de tension, sauf la bobine L, le condensateur de filtrage C, le condensateur du multivibrateur C_0 (non montré à la figure ci-dessus) et les résistances R_1 et R_2 lesquelles doivent être choisis par l'utilisateur selon son cahier des charges. La tension de référence V_R = 1,22 V. Le transistor et la diode peuvent commuter des courants allant jusqu'à 500 mA. Ils occupent à eux seuls 60 % de la surface du substrat. La propre consommation du circuit intégré est I_0 = 10 mA environ et la puissance qu'il peut dissiper à 70 °C est P_{max} = 600 mW. La durée de l'impulsion γT du multivibrateur est constante et peut être choisie entre 20 et 150 µs en choisissant le condensateur C_0 de la formule :

$$C_0 = 12{,}5 \times 10^{-6}\gamma T. \quad (9)$$

C'est la fréquence $f = \frac{1}{T}$ du multivibrateur qui varie pendant la régulation.

La tension d'entrée V peut varier de 4,5 à 12 V et la tension stabilisée U peut être choisie entre V + 2 V et 30 V.

a) Déduire une formule pour la tension de sortie U.

b) Concevoir un régulateur de tension avec U = 15 V, I_u = 120 mA, V_{min} = 4,5 V, V_{max} = 12 V et un taux d'ondulation $\frac{\Delta U}{U} \leq 0{,}2$ %.

Quelles sont les valeurs minimales et maximales du rapport cyclique γ et de la fréquence f du multivibrateur?

Vérifier si le courant du transistor ne dépasse pas 500 mA.

Quel est le courant moyen I_e que la source de tension d'entrée doit fournir?

c) Trouver le rendement du régulateur et calculer ses valeurs minimale et maximale.

Vérifier si la puissance maximale du composant n'est pas dépassée.

Solution

a) Le circuit est un hacheur-élévateur à rétroaction pour lequel (voir (8)) $U = \frac{V}{1-\gamma} - V_0$ si l'on néglige la tension de saturation V_{sat} du transistor.

D'autre côté, la rétroaction maintient le comparateur A en régime linéaire avec une tension nulle entre ses entrées, ce qui permet d'écrire :

$$U = V_R(1 + \frac{R_1}{R_2}). \quad (10)$$

Dans les limites données par le constructeur, U ne dépend pas de V ; quand V varie, c'est le rapport cyclique γ qui varie pour maintenir U constante.

b) De (10), on calcule : $\frac{R_1}{R_2} = \frac{U}{V_R} - 1 = \frac{15}{1{,}22} - 1 = 11{,}3$.

Le diviseur de tension R_1-R_2 réduit le rendement du régulateur. Pour que cette réduction ne soit pas significative, le courant le traversant doit être petit, par exemple I = 0,5 mA, ce qui donne $R_1 + R_2 = \frac{U}{I} = \frac{15}{0{,}5 \times 10^{-3}}$ = 30 kΩ, R_1 = 27 kΩ et R_2 = 2,4 kΩ (valeurs normalisées).

L'inductance L et la capacité C sont calculées à partir des expressions (voir l'exercice 4.1.5) :

$L > \frac{U\gamma}{2I_u f}$ et $C \geq \frac{\gamma I_u}{fU(\frac{\Delta U}{U})}$. Pour qu'elles soient petites, il faut que la fréquence du multivibrateur soit élevée. Cette fréquence varie pendant la régulation, mais le rapport $\frac{\gamma}{f} = \gamma T$ est constant et dépend du choix du condensateur C_0. Pour que la fréquence soit élevée, choisissons ce rapport minimal ($\gamma T \approx 20$ µs), ce qui donne (voir (9)) :

$C_0 = 12{,}5 \times 10^{-6}\gamma T = 12{,}5 \times 10^{-6} \times 20 \times 10^{-6} = 250$ pF $\rightarrow$ 270 pF valeur normalisée et par conséquent, $\gamma T = \dfrac{\gamma}{f} = 21{,}6$ µs.

Quand la tension V varie de V_{min} à V_{max}, le rapport cyclique γ varie automatiquement (voir (8)) de $\gamma_{max} = 1 - \dfrac{V_{\min}}{U+V_0} = 1 - \dfrac{4{,}5}{15+0{,}6} = 0{,}71$ à $\gamma_{min} = 1 - \dfrac{V_{\max}}{U+V_0} = 1 - \dfrac{12}{15+0{,}6} = 0{,}23$ et la fréquence, de $f_{max} = \dfrac{\gamma_{\max}}{(\gamma T)} = \dfrac{0{,}71}{21{,}6\times 10^{-6}} = 32{,}9$ kHz à $f_{min} = \dfrac{\gamma_{\min}}{(\gamma T)} = \dfrac{0{,}23}{21{,}6\times 10^{-6}} = 10{,}6$ kHz. Il suit :

$L > \dfrac{U}{2I_u}(\dfrac{\gamma}{f}) = \dfrac{15}{2\times 0{,}12} \times 21{,}6\times 10^{-6} = 1{,}35$ mH ; prenons $L = 1{,}5$ mH.

$C \geq (\dfrac{\gamma}{f})\dfrac{I_u}{U(\dfrac{\Delta U}{U})} = 21{,}6\times 10^{-6}\dfrac{0{,}12}{15\times 0{,}002} = 86{,}4$ µF ; prenons $C = 220$ µF à cause de la résistance des pertes du condensateur (voir la remarque dans la solution de l'exercice 4.1.1).

Le courant moyen de la bobine (voir plus haut) varie de $I_{Lmin} = \dfrac{I_u}{1-\gamma_{\min}} = \dfrac{0{,}12}{1-0{,}23} = 156$ mA à $I_{Lmax} = \dfrac{I_u}{1-\gamma_{\max}} = \dfrac{0{,}12}{1-0{,}71} = 414$ mA. Ce courant passe également par le transistor saturé et doit rester inférieur à 500 mA. Si ce n'est pas le cas, il faut soit se contenter d'un courant I_u plus petit, soit assurer une V_{min} plus élevée.

Le courant moyen de la bobine $I_L = \dfrac{I_{L\max} + I_{L\min}}{2} = \dfrac{414+156}{2} = 285$ mA.

Le courant moyen que doit fournir la source de tension V est $I_e = I_L + I_0 + I = 285 + 10 + 0{,}5 = 295{,}5$ mA.

c) La puissance fournie à la charge $P_u = UI_u$.

Le courant $I_e = I_L + I_0 + I = \dfrac{I_u}{1-\gamma} + I_0 + I$ et la tension $V = (1 - \gamma)(U + V_0)$ (voir (8)).

La puissance moyenne puisée de la source de tension d'entrée est alors :

$P_e = VI_e = (1 - \gamma)(U + V_0)(\dfrac{I_u}{1-\gamma} + I_0 + I)$.

Le rendement du régulateur :

$$\eta = \frac{P_u}{P_e} = \frac{UI_u}{(U+V_0)I_u + (1-\gamma)(U+V_0)(I_0+I)}.$$

Il est minimal (maximal) quand le rapport cyclique est minimal (maximal). On calcule : $\eta_{min} = 0{,}92$, $\eta_{max} = 0{,}94$. En réalité, le rendement sera plus petit à cause des pertes dans l'interrupteur K, la bobine L et le condensateur C dont nous n'avons pas tenu compte, et aussi à cause de la valeur plus élevée de V_0 (1,33 V à $I = 500$ mA selon le catalogue).

Exercices à résoudre

4.1.3 Hacheur-abaisseur : prise en compte de la résistance de l'interrupteur

Refaire l'analyse du hacheur de la figure 8a en tenant compte de la chute de tension V_{sat} sur l'interrupteur fermé. Qu'est-ce qui va changer dans les résultats?

Réponse : $v_{Dmax} = V - V_{sat}$, $U = \gamma V - (1 - \gamma)V_0 - \gamma V_{sat}$,

$$\eta = 1 - \frac{1-\gamma}{\gamma} \times \frac{V_0}{V} - \frac{V_{sat}}{V}.$$

4.1.4 Hacheur-abaisseur de tensions négatives

Proposer le schéma de principe d'un hacheur-abaisseur d'une tension négative V en une tension négative U ($|U| < |V|$). Analyser son comportement et tracer les chronogrammes de ses tensions et courants.

4.1.5 Conception d'un hacheur-élévateur de tension

Soit le hacheur de la figure 9.

a) Calculer le rapport cyclique du signal de commande pour élever la tension d'entrée de 5 à 12 V, si la diode a une tension de coude $V_0 = 0{,}6$ V.

Réponse : $\gamma = 0{,}6$.

b) Choisir l'inductance de la bobine pour que le courant à travers elle ne s'annule pas, si la fréquence du signal de commande $f = 40$ kHz et le courant fourni à la charge $I_u = 200$ mA.

Réponse : $L > \dfrac{U\gamma}{2I_u f} = 450$ µH.

c) Choisir le condensateur pour que le taux d'ondulation $\dfrac{\Delta U}{U}$ de la tension de sortie soit inférieur à 0,1 % en valeur absolue.

Réponse : $C \geq \dfrac{\gamma I_u}{fU(\dfrac{\Delta U}{U})} = 250$ µF.

d) Calculer le rendement du circuit.

Réponse : $\eta = 0{,}952$.

e) Calculer la valeur moyenne du courant que doit fournir la source de tension d'entrée.

Réponse : $I_L = \dfrac{I_u}{1-\gamma} = 500$ mA.

f) Refaire l'analyse du circuit en tenant compte de la chute de tension V_{sat} sur l'interrupteur fermé. Qu'est-ce qui va changer?

Réponse : $U = \dfrac{V}{1-\gamma} - V_0 - \dfrac{\gamma}{1-\gamma}V_{sat}$,

$$\eta = 1 - (1-\gamma)\frac{V_0}{V} - \gamma\frac{V_{sat}}{V},$$

$$v_{Amin} = V_{sat},\ v_{Amax} = \frac{V}{1-\gamma} - \frac{\gamma}{1-\gamma}V_{sat}.$$

4.1.6 Hacheur-élévateur de tensions négatives

Reprendre l'exercice 4.1.4 pour un hacheur-élévateur.

4.1.7 Hacheur-inverseur

Dans le circuit suivant, la tension V est une tension continue positive et K est un interrupteur idéal commuté par un signal périodique en créneaux d'une période T et d'un rapport cyclique γ (K fermé dans l'intervalle de temps de 0 à γT et ouvert dans l'intervalle de temps de γT à T). Le condensateur de filtrage C assure que la tension U sur la charge R_u soit continue avec une ondulation ΔU négligeable. La tension de coude de la diode est V_0.

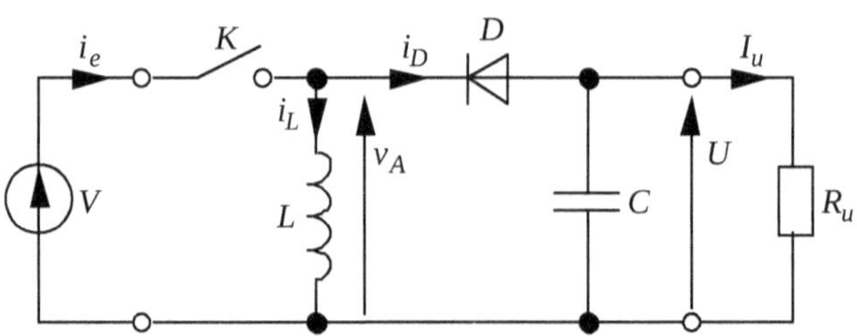

a) Analyser le fonctionnement du montage en régime établi (permanent) pendant lequel le courant i_L varie d'une façon presque linéaire de I_{Lmin} à I_{Lmax} quand K est fermé et de I_{Lmax} à I_{Lmin} quand K est ouvert. Tracer les chronogrammes des tensions V, v_A et U et des courants i_e, i_L, i_D et I_u. Quels sont les rôles de la bobine et du condensateur? Exprimer les valeurs des courants moyens d'entrée I_e et de sortie I_u en fonction du courant moyen $I_L = \dfrac{I_{L\max} + I_{L\min}}{2}$ traversant la bobine.

Réponse : $I_e = \gamma I_L$, $I_u = -(1-\gamma)I_L$.

b) Prouver que la tension U est négative et peut être inférieure, égale ou supérieure à V en valeur absolue.

Réponse : $U = -V\dfrac{\gamma}{1-\gamma} + V_0$.

c) Trouver le rendement du circuit.

Réponse : $\eta = 1 - \dfrac{1-\gamma}{\gamma} \times \dfrac{V_0}{V}$.

d) En considérant la décharge du condensateur sur R_u comme linéaire, déduire une formule pour le taux d'ondulation de la tension de sortie.

Réponse : $\dfrac{\Delta U}{U} = -\dfrac{\gamma}{fR_uC}$ avec $R_u = \dfrac{U}{I_u}$.

e) Concevoir un convertisseur avec $V = -U = 9$ V, $I_u = -0{,}5$ A et $|\dfrac{\Delta U}{U}| \leq 0{,}2$ % si $f = 35$ kHz et $V_0 = 0{,}6$ V ; veiller à ce que le courant i_L ne s'annule pas. Calculer la valeur moyenne I_e du courant fourni par la source de tension d'entrée et le rendement du montage.

Réponse : $\gamma = 0{,}53$, $L > \dfrac{V\gamma}{2I_Lf} = -\dfrac{V\gamma(1-\gamma)}{2I_uf} = 64$ µH,

$C > \dfrac{\gamma I_u}{fU(\dfrac{\Delta U}{U})} = 420$ µF, $I_e = -\dfrac{\gamma}{1-\gamma} I_u = 0{,}56$ A,

$\eta = 0{,}94$.

f) Modifier le circuit pour qu'il puisse inverser une tension négative en positive. Tracer les chronogrammes des tensions et des courants et déduire les formules pour U, $\frac{\Delta U}{U}$, I_e et η, ainsi que la condition pour la non-annulation du courant traversant la bobine.

4.1.8 Régulateur-abaisseur de tension (à découpage)

La précision "à découpage" est nécessaire, parce qu'il y a des régulateurs-abaisseurs de tension sans commutation (étudiés en 1ère année). Les régulateurs-élévateurs de tension sont aussi à découpage, mais cette précision n'est pas nécessaire, parce qu'ils n'ont pas d'analogues sans découpage.

Le régulateur-abaisseur de tension permet d'obtenir une tension continue stabilisée U à partir d'une tension continue non stabilisée V qui lui est supérieure ($V > U$). Son schéma de principe est donné ci-dessous.

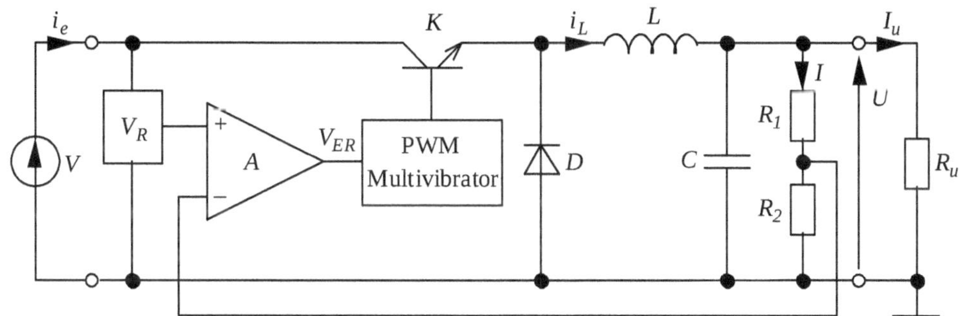

Il comporte un hacheur-abaisseur de tension (L, D, C, K) avec, comme interrupteur K, un transistor NPN (voir aussi la figure 8a). La tension de sortie U est divisée par le groupe R_1-R_2 et comparée à une tension de référence V_R stable. La tension d'erreur V_{ER} à la sortie du comparateur analogique A commande le rapport cyclique γ du multivibrateur qui fonctionne comme un générateur d'impulsions modulé. La modulation est de type PWM (modulation de la largeur des impulsions). Si la tension V croît (à cause d'une variation de V, de I_u ou de la température par exemple), V_{ER} décroît, le rapport cyclique diminue et la tension U décroît (voir la formule 6), et vice versa, ce qui maintient U stable.

L'avantage principal des régulateurs à découpage est leur rendement élevé. Cet avantage est relativement plus important quand la différence $V - U$ est grande. Mais ils sont plus encombrants, ont un niveau de bruit plus élevé et sont plus difficiles à concevoir par l'utilisateur.

Le circuit intégré TL497 du constructeur *Texas Instruments*, décrit à l'exercice 4.1.2, peut être branché grâce au nombre élevé de ses broches (14) non seulement comme régulateur-élévateur, mais aussi comme régulateur-abaisseur (et même comme régulateur-inverseur). L'utilisateur n'a qu'à choisir les composants discrets L, C, R_1, R_2 et C_0 (le condensateur du multivibrateur). En régime abaisseur la tension stabilisée U peut être choisie entre V_R et V - 1 V.

a) Déduire une formule pour la tension de sortie U, en sachant que la tension entre les entrées du comparateur A est nulle.

Réponse : $U = V_R(1 + \frac{R_1}{R_2}) = \gamma V \quad (1 - \gamma)V_D$.

b) Concevoir un régulateur de tension avec U = 3,3 V, I_u = 200 mA, V_{min} = 4,5 V, V_{max} = 10 V et un taux d'ondulation $\frac{\Delta U}{U} \leq 0{,}2$ %.

Quelles sont les valeurs minimales et maximales du rapport cyclique γ et de la fréquence f du multivibrateur?

Vérifier si le courant du transistor I_T ne dépasse pas 500 mA.

Quel est le courant moyen I_e que doit fournir la source de tension d'entrée?

Réponses : $\frac{R_1}{R_2} = 2{,}7$, $\gamma T = \frac{\gamma}{f} = 20\ \mu s$, $C_0 = 250\ pF$,

$L > \frac{V_{max} - U}{2I_u}(\frac{\gamma}{f}) = 335\ \mu H \rightarrow 390\ \mu H$,

$\gamma_{max} = \frac{U + V_0}{V_{min} + V_0} = 0{,}76$, $\gamma_{min} = 0{,}37$, $f_{max} = 38\ kHz$,

$f_{min} = 18{,}5\ kHz$, $C \geq \frac{1{,}5V_{max}}{\omega_{min}^2 LU(\frac{\Delta U}{U})} = 431\ \mu F$,

$I_{Tmax} = I_{Lmax} = I_u + \frac{V_{max} - U}{2L}(\gamma T) = 372\ mA < 500\ mA$,

$I_e \leq \gamma_{max} I_u + I_0 + I$.

c) Trouver le rendement du régulateur et calculer ses valeurs minimale et maximale. Vérifier si la puissance maximale du composant n'est pas dépassée.

Réponses : $\eta = \frac{UI_u}{\frac{U + (1 - \gamma)V_0}{\gamma}(\gamma I_u + I_0 + I)}$, $\eta_{min} = 0{,}78$,

$\eta_{max} = 0{,}89$, $P_{diss} \leq P_{emax} - P_u = 186\ mW < 600\ mW$.

Petit projet

4.1.9 Alimentation stabilisée à découpage

Objectif

Confectionner une alimentation stabilisée à rendement élevé.

Cahier des charges

(1) Redresseur à pont de Graëtz utilisant un transformateur 220 V - 2 × 4,5 V/6 VA.

(2) Tension stabilisée $U = 15$ V.

(3) Taux d'ondulation $\frac{\Delta U}{U} \leq 0{,}3\ \%$.

(4) Courant de charge $I_u = 250$ mA.

Suggestion de réalisation et consignes

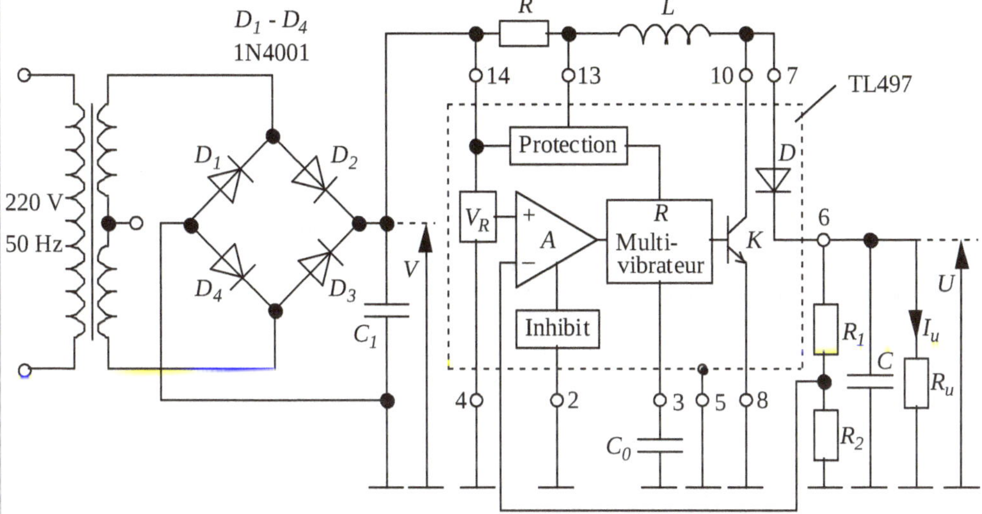

Le circuit intégré TL497 du constructeur *Texas Instruments* est un régulateur de tension à découpage qui peut fonctionner comme abaisseur, comme élévateur ou comme inverseur de tension. Il est branché ici comme élévateur de tension. Son fonctionnement comme tel est décrit à l'exercice 4.1.2 où les composants intégrés V_R, K, D et les composants discrets L, C_0, R_1, R_2 et C jouent le même rôle qu'ici. Le circuit a 14 broches, ce qui le rend plus souple. La broche 5 est la masse (GND). La broche 4 est le substrat et doit être liée au potentiel le plus bas du montage (ici, la masse). La broche 2 (Inhibit) permet de mettre le circuit hors service, en appliquant sur elle un potentiel haut. Le circuit de protection se met en marche quand la tension entre les broches 14 et 13 atteint 0,7 volts. La résistance R qui détermine le courant auquel elle se déclenche, est choisie par l'utilisateur. Les broches 9, 11 et 12 doivent être laissées libres.

La tension V en sortie du redresseur dépend des variations de la tension du secteur, du rendement du transformateur, des caractéristiques statiques des diodes et de la capacité du condensateur de filtrage C_1 qui détermine le taux d'ondulation à sa sortie, mais aussi des variations du courant qu'elle fournit au régulateur ; c'est essentiellement le courant à travers la bobine L qui a une forme triangulaire (voir la figure 9b). On ne peut les déterminer avec précision qu'expérimentalement. C'est pourquoi, on procède d'abord à un calcul se basant sur une estimation de la valeur minimale et maximale de V, on réalise le montage, on mesure V et on ajuste les valeurs de certains composants si nécessaire. Cette procédure d'approximations successives est typique pour un travail de conception qui, rappelons-le, est une tâche mathématiquement non déterminée.

1 Supposer que V_{min} = 8 V et V_{max} = 12 V. En s'inspirant de l'exercice 4.1.2, déterminer les valeurs de R_1, R_2, C_0, L et C . Calculer les courants minimal, maximal et moyen traversant la bobine et les courants minimal, maximal et moyen que doit fournir le redresseur. Vérifier si I_{Lmax} ne dépasse pas 500 mA. Que faire si ce n'est pas le cas? Vérifier si la puissance fournie par le redresseur ne dépasse pas 5 W environ (compte tenu de son rendement). Que faire si ce n'est pas le cas?

Choisir une bobine L d'un courant nominal supérieur à I_{Lmax} et d'une résistance ohmique assez petite. Choisir un condensateur C à tantale de faible courant de fuite. Choisir les résistances R_1 et R_2 précises afin d'obtenir une tension U assez proche à 15 V.

2 Choisir la résistance R telle que le courant auquel se déclenche la protection soit supérieur à I_{Lmax}, mais inférieur à la valeur limite absolue de 750 mA donnée dans le catalogue.

3 Choisir le condensateur de filtrage C_1 de façon à obtenir un taux d'ondulation $\frac{\Delta V}{V_{moy}}$ de 10 % environ en sortie du redresseur. La formule à utiliser est connue de la 1ère année :

$$C_1 \approx \frac{I_{moy}}{V_{moy}(\frac{\Delta V}{V_{moy}}) \times 2f} \text{ où } f = 50 \text{ Hz.}$$

4 Réaliser le montage sur une plaque à trous en branchant une résistance de charge R_u appropriée. Relever les tensions U, V, V_3 (à la broche 3), V_7 et V_{13} sur l'oscilloscope et mesurer la valeur efficace de la tension du secteur avec un voltmètre AC (à entrée non liée à la masse!). Estimer comment va varier la tension V quand la tension du secteur varie de 200 à 230 V (si par exemple la valeur mesurée de la tension du secteur est de 225 V, la valeur maximale observée de V doit être multipliée par 230/225 pour obtenir V_{max}, et la valeur minimale observée de V doit être multipliée par 200/225 pour obtenir V_{min}). Rappelons que V_{max} doit être inférieure à 12 V et V_{min} supérieure à 4,5 V (valeurs données au catalogue du constructeur). Si ce n'est pas le cas, que faire?

Refaire les calculs du montage avec les valeurs V_{min} et V_{max} précisées et apporter les corrections nécessaires. Corriger le montage si nécessaire et refaire les mesures.

Essayer de réduire expérimentalement la valeur de C_1.

Déterminer par mesure le rendement du régulateur.

Comparer les résultats des mesures aux calculs et expliquer les différences éventuelles.

5 Réaliser le montage définitif sur une plaque imprimée. Utiliser un support pour le circuit intégré.

6 Rédiger un compte rendu comportant le cahier des charges, les schémas électriques et les chronogrammes des tensions et des courants, les résultats des calculs et des mesures et la comparaison avec la théorie, les dessins du circuit imprimé, la nomenclature des composants, l'estimation du coût et des conclusions.

4.2 Convertisseurs à capacités commutées

Le fonctionnement des hacheurs repose sur l'accumulation de l'énergie dans une bobine. Les condensateurs peuvent aussi accumuler de l'énergie, ce qui est mis en œuvre dans les convertisseurs à capacités commutées. Ce sont des convertisseurs DC-DC sans bobine.

La figure suivante illustre le principe de fonctionnement d'un convertisseur à capacités commutées. Ce montage permet d'obtenir une tension U négative à partir d'une tension V positive. Il est largement utilisé dans les téléphones mobiles, les ordinateurs portables, les instruments médicaux et les instruments de mesure portables qui sont alimentés par une seule pile.

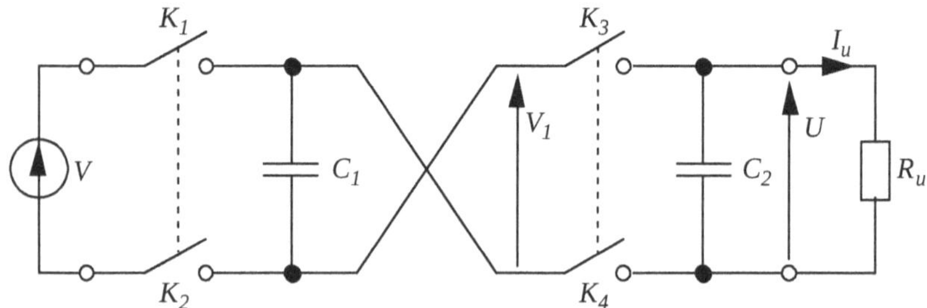

Les interrupteurs K_1 à K_4 sont des transistors ou des portes analogiques CMOS commutés par la tension d'une horloge d'une fréquence f et d'un rapport cyclique égal à 0,5 : quand K_1 et K_2 sont fermés, K_3 et K_4 sont ouverts et inversement. Si la constante de temps C_2R_u est assez grande, la tension de sortie U est pratiquement constante, avec une petite ondulation ΔU négligeable que l'on peut trouver comme suit : $U = R_u C_2 \frac{dU}{dt} \approx R_u C_2 \frac{\Delta U}{\Delta t} = R_u C_2 \frac{\Delta U}{\frac{T}{2}} = 2R_u C_2 f \Delta U$ et $\frac{\Delta U}{U} = \frac{1}{2R_u C_2 f}$.

Quand les interrupteurs K_1 et K_2 sont fermés et K_3 et K_4 ouverts, le condensateur C_1 se charge jusqu'à $V_1 = -V$ et accumule une charge $Q_1 = -VC_1$. Durant l'intervalle de temps où les interrupteurs K_1 et K_2 sont ouverts et K_3 et K_4 fermés, le condensateur C_1 se décharge sur C_2 jusqu'à $V_1 = U$; à la fin de l'intervalle, sa charge devient égale à $Q_2 = UC_1$. La charge transférée est $\Delta Q = Q_1 - Q_2 = (-V - U)C_1$; c'est aussi la charge transférée pendant toute une période de l'horloge, car il n'y a pas de transfert quand K_3 et K_4 sont ouverts. Le courant moyen fourni à la charge sera alors

$$I_u = \frac{\Delta Q}{\Delta t} = \frac{\Delta Q}{T} = (-V - U) f C_1 = \frac{-V - U}{R_{th}}$$ avec $R_{th} = \frac{1}{fC_1}$ - une résistance, selon la loi d'Ohm.

Le schéma équivalent du montage peut être tracé alors comme suit :

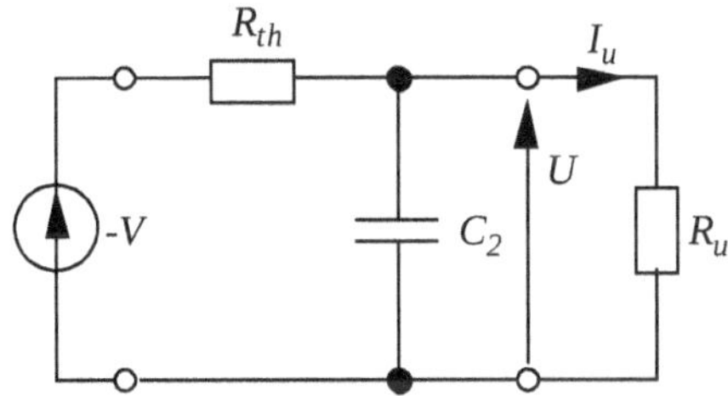

Le courant I_u, comme la tension U, est négatif. Quand il est grand, la résistance équivalente de la charge R_u est petite et la tension U baisse à cause du diviseur R_{th}-R_u. Pour réduire cette baisse, il faut choisir C_1 et f grandes. Mais l'augmentation de la fréquence n'est pas efficace au delà d'une certaine limite. En effet, nous avons considéré les interrupteurs et les condensateurs comme parfaits, ce qui n'est jamais le cas. Les résistances des interrupteurs fermés et les résistances des pertes des condensateurs élèvent la résistance R_{th} et quand leur contribution est de même ordre que celle du terme $\frac{1}{fC_1}$, l'augmentation de la fréquence ne change pas grand-chose. La valeur optimale de f est de quelque dizaines de kilohertz.

A vide ($R_u \to \infty$) $U = -V$. Quand le courant I_u croît, la tension U décroît (en valeur absolue). Afin que la chute de U ne soit pas trop grande, le courant I_u doit être inférieur à 100 mA environ.

Le rendement du convertisseur est (voir son schéma équivalent) :

$$\eta = \frac{I_u^2 R_u}{I_u^2 (R_u + R_{th})} = \frac{R_u}{R_u + R_{th}}.$$

Exercice à résoudre

4.2.1 Convertisseur à capacités commutées

Le circuit intégré LM2660 du constructeur *National Semiconductor* comporte les quatre interrupteurs et l'horloge de commande d'un convertisseur à capacités commutées. Le condensateur de l'horloge, d'une capacité de 15 pF, est intégré. L'utilisateur doit choisir et brancher les deux condensateurs discrets. Le signal de commande est d'une fréquence f = 40 kHz et d'un rapport cyclique $\gamma = 0{,}5$. Le courant consommé par le composant au repos est I_0 = 1 mA. La tension à convertir V doit se situer entre 1,5 et 5,5 V.

On monte à ce circuit deux condensateurs électrolytiques à aluminium "fable impédance" (faible tgδ) type RLI135 du constructeur *Philips* d'une capacité de 470 µF, d'une tension nominale de 10 V, d'une résistance des pertes (Equivalent Serial Résistance ou *ESR* en anglais dans le catalogue) ESR = 0,64 Ω, d'un diamètre de 10 mm et d'une longueur de 12 mm chacun.

Calculer la tension U, le taux d'ondulation $\frac{\Delta U}{U}$ et le rendement du convertisseur pour V = 5 V et I_u = - 50 mA, en sachant que pour le circuit réel $R_{th} = \frac{1}{fC_1} + 2R_k + 4ESR_1 + ESR_2$ où R_k = 1,5 Ω est la résistance d'un interrupteur fermé, et $\frac{\Delta U}{U} = \frac{1}{2R_uC_2f} + \frac{I_uESR_2}{U}$ (voir la remarque à la solution de l'exercice 4.1.1).

Réponses : U = - 4,7 V, $\frac{\Delta U}{U}$ = 0,71 %,

$$\eta = \frac{R_u}{R_u + R_{th} + \frac{I_0V}{I_u^2}} = 91{,}5\ \%.$$

Remarque. Pour obtenir des meilleurs résultats, choisir des condensateurs à tantale.

Travail pratique

4.2.2 Convertisseur à capacités commutées

Réaliser le montage de l'exercice 4.2.1 en branchant les broches du circuit intégré LM2660 suivant les instructions du catalogue. Attention aux polarités des condensateurs! La tension V est fournie par l'alimentation stabilisée du laboratoire. Elle ne doit pas dépasser 5,5 V! La charge R_u est représentée par une boîte à résistances. Observer la tension de sortie et la tension d'entrée en mode "inverse" sur l'oscilloscope.

a) Relever les valeurs de U, ΔU et du courant moyen I_e fourni par la source de tension V pour I_u allant de 0 à 100 mA. Quels sont les appareils de mesure à utiliser et leurs emplacements? Quelle est la fréquence de commutation f?

Calculer le taux d'ondulation $\Delta U/U$, le rendement η et la résistance interne R_{th} du convertisseur à partir des résultats des mesures et tracer les courbes $U(I_u)$, $\Delta U/U(I_u)$, $\eta(I_u)$ et $R_{th}(I_u)$; utiliser des valeurs absolues. Comparer aux calculs faits à l'exercice 4.2.1. Essayer d'expliquer les différences.

b) Idem pour V = 3,3 V. Comparer.

5 Conversions mécanique↔électrique

5.1 Machines à courant continu

Les conversions mécanique-électrique et électrique-mécanique sont effectuées par des *machines électriques tournantes*. Parmi elles, les machines synchrones et à courant continu sont réversibles (elles peuvent effectuer la conversion dans les deux sens), et les moteurs asynchrones et pas-à-pas réalisent la conversion électrique-mécanique seulement.

Ici, nous allons considérer les *machines à courant continu*. Ce sont des machines de faible puissance que l'on utilise par exemple dans les automobiles (démarreurs, ventilateurs, essuie-glaces, lève-vitres), les jouets et les perceuses à piles, mais aussi de puissance moyenne voire élevée que l'on utilise par exemple dans des chariots élévateurs, certaines machines-outils et certains ascenseurs. L'un des grands avantages des moteurs à courant continu est la facilité avec laquelle on peut faire varier et réguler (asservir) leur vitesse de rotation. Mais ils coûtent plus cher que les moteurs asynchrones qui n'ont pas d'organes délicats comme le collecteur et les balais, ne génèrent pas d'étincelles et peuvent être branchés directement au secteur. Les génératrices à courant continu sont utilisées avant tout comme tachymétriques (pour mesurer la vitesse de rotation ou pour obtenir un signal proportionnel à la vitesse de rotation dans un système de régulation de cette vitesse.

Constitution

Cette machine a une partie immobile (*stator*) et une partie tournante (*rotor*). Le stator, qui est aussi le support de la machine, est un tube d'acier doux comportant un certain nombre de paires d'aimants ou électro-aimants disposés régulièrement à sa surface intérieure avec alternance des pôles :

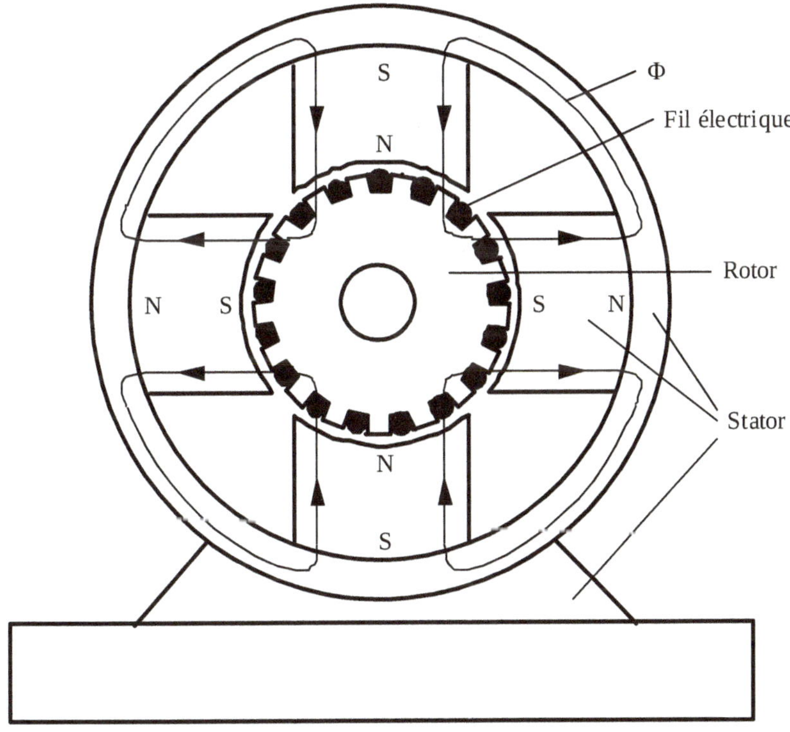

Le rotor est un cylindre d'acier doux feuilleté avec un bobinage de fils électriques dans ses encoches.

La résistance magnétique de l'acier doux est très petite et le flux magnétique Φ qui comme le courant électrique cherche à se refermer par la voie de résistance minimale, passe par deux aimants voisins comme démontré à la figure. Pour que la résistance magnétique soit minimale, il faut que *l'entrefer* (la distance entre le rotor et les aimants) soit petit.

L'ensemble des aimants (ou électro-aimants) s'appelle *inducteur* et le bobinage électrique, *induit.*

Considérons d'abord le fonctionnement d'une machine à courant continu simplifiée à l'extrême dont l'inducteur est constitué d'une seule paire d'aimants et l'induit, d'une seule spire (deux brins) :

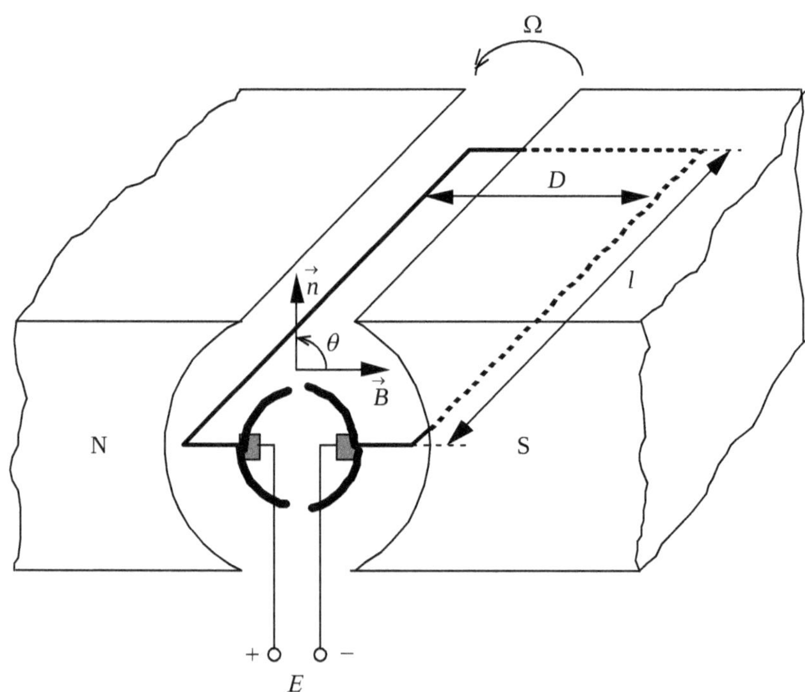

Les deux extrémités de la spire sont liées aux deux lames de cuivre demi-cylindriques du *collecteur* qui sont isolées l'une de l'autre et disposées en bout du rotor. Deux *balais* en carbone portés par le stator et pressés par des ressorts frottent sur le collecteur (et non pas à son intérieur comme c'est dessiné pour commodité) afin d'assurer des contacts électriques.

Fonctionnement comme génératrice

La machine peut fonctionner soit comme génératrice (convertisseur mécanique-électrique), soit comme moteur (convertisseur électrique-mécanique). Pour qu'elle fonctionne comme génératrice, on fait tourner le rotor (avec l'induit) en appliquant sur lui (par l'intermédiaire de son arbre) un couple de forces de rotation F :

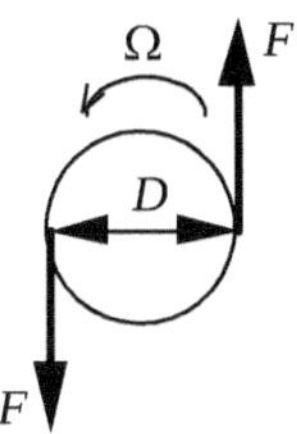

Si la vitesse de rotation Ω est constante, on peut écrire :

$\Omega = \dfrac{\theta}{t}$ où t est le temps et θ est l'angle (en radians) entre le vecteur de l'induction magnétique $\vec{B}$ et la normale $\vec{n}$ au plan géométrique de la spire. Sur notre dessin, $\theta = \dfrac{\pi}{2}$ rad.

Pendant que la spire tourne, ses deux brins de longueur l traversent le champ magnétique, ce qui crée sur chacun d'eux selon la loi de Faraday une f.e.m. $\dfrac{e}{2} = Blv$ où v est la vitesse linéaire avec laquelle se déplace le brin dans le sens perpendiculaire à $\vec{B}$:

$$v = \frac{da}{dt} = \frac{d(\frac{D}{2} - \frac{D}{2}\cos\theta)}{dt} = \frac{d(\frac{D}{2} - \frac{D}{2}\cos\Omega t)}{dt} = \frac{D}{2}\Omega\sin\Omega t \cdot$$

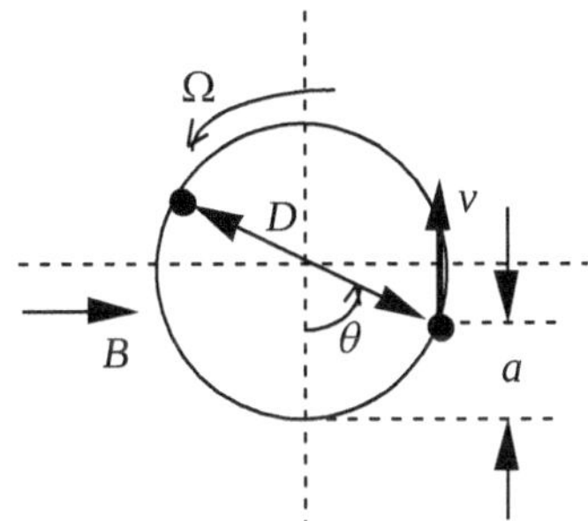

Les sens des f.e.m. peuvent être trouvés à l'aide de la *règle de la main gauche* ($\vec{v}$ - pouce, $\vec{B}$ - majeur, $\vec{e}$ - index) ; elles sont à chaque instant opposées l'une de l'autre, mais le long de la spire leurs sens est le même. Par conséquent, leur somme e apparaît aux bornes de la spire :

$e = BlD\Omega \sin\Omega t = \Phi\Omega \sin\Omega t,$

avec $\Phi = BlD$ - le flux total embrassé par la spire en position verticale ($\theta = 0$ ou $\theta = \pi$). C'est une tension sinusoïdale d'une amplitude proportionnelle au flux magnétique et à la vitesse de rotation :

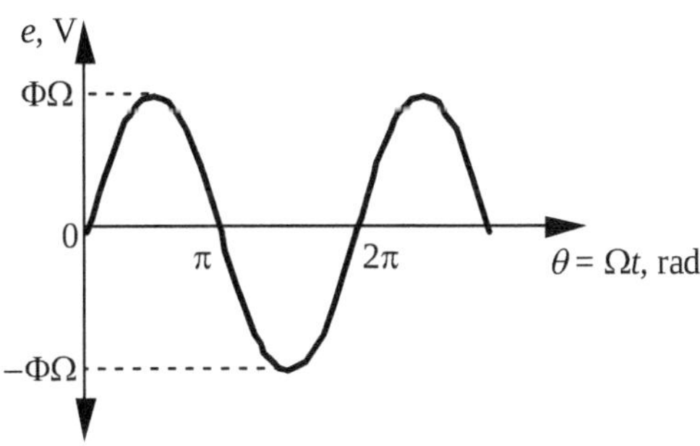

La tension e change de sens à $\theta = 0$ et $\theta = \pi$; en même temps, les balais changent de lame de collecteur. En résultat, la tension E entre les balais est redressée :

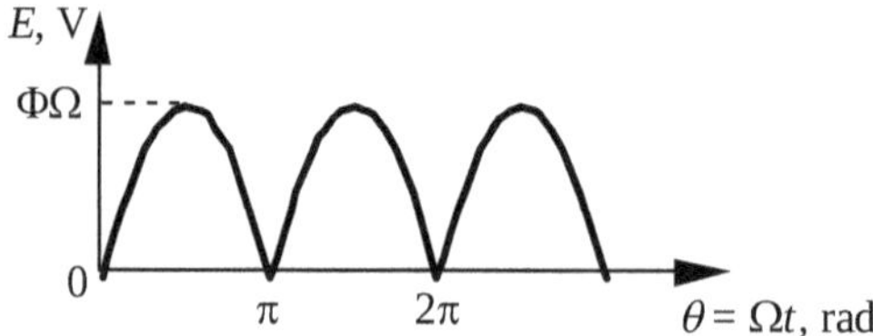

L'ensemble collecteur-balais est donc un redresseur mécanique de courant.

Le but est d'obtenir une tension E continue. En principe, on peut le faire par filtrage. Mais le taux des ondulations est considérablement réduit grâce à l'utilisation d'un induit de plusieurs (m) spires liées en série et décalées l'une de l'autre à $\frac{\pi}{m}$ radians. La tension E d'une telle machine est la somme des tensions redressées de toutes les spires qui sont déphasées l'une de l'autre à $\frac{\pi}{m}$ radians :

$$E = E_1 + E_2 + ... + E_m = |\Phi\Omega \sin\theta| + |\Phi\Omega \sin(\theta - \frac{\pi}{m})| + ... + |\Phi\Omega \sin(\theta - \frac{m-1}{m}\pi)|.$$

La figure suivante en donne l'illustration pour $m = 3$.

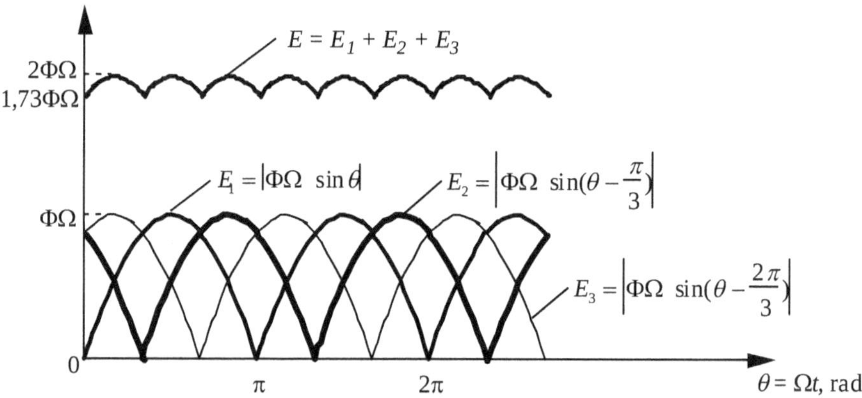

En réalité, le nombre de spires m est beaucoup plus grand et le taux d'ondulation beaucoup plus petit, ce qui fait le filtrage habituellement inutile.

L'utilisation de plusieurs spires augmente la valeur de la tension continue E plusieurs fois. L'utilisation de plusieurs (p) paires d'aimants a le même effet. La cause est que les spires de l'induit traversent p flux magnétiques Φ au lieu d'un seul pour un tour de rotation. Dans ce cas, le collecteur doit avoir $2p$ lames isolées et l'induit, p enroulements.

On peut écrire que la tension continue E qui apparaît aux bornes + et - d'une génératrice à courant continu sans charge (à vide) est

$E = K\Phi\Omega$ où K est un coefficient de proportionnalité caractérisant la machine ; son unité de mesure est $\frac{\text{V} \times \text{s}}{\text{Wb} \times \text{rad}}$ $(\frac{\text{volts} \times \text{secondes}}{\text{webers} \times \text{radians}})$.

La tension U sur une charge R_u branchée aux bornes + et - de la génératrice est inférieure à E à cause de la résistance ohmique totale R des enroulements de l'induit :

$U = E - RI$ avec $I = \dfrac{U}{R_u}$.

Le schéma équivalent d'une génératrice à courant continu est un générateur de Thévenin *E-R* :

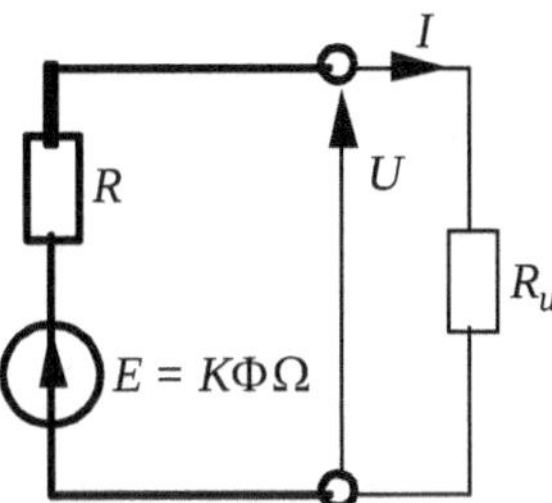

La puissance mécanique fournie à la génératrice est $P_0 = T\Omega$ où $T = FD$ [N × m] est le moment du couple de forces de rotation. La part essentielle de cette puissance est convertie en puissance électrique *EI*, le reste P_M est perdu en frottements mécaniques et en pertes d'hystérésis et de courants de Foucault dans le circuit magnétique. La puissance utile fournie à la charge R_u est $P_u = UI$. *Le rendement* de la génératrice est alors :

$$\eta = \frac{P_u}{P_0} = \frac{UI}{UI + RI^2 + P_M}.$$

Fonctionnement comme moteur

Pour que la machine à courant continu fonctionne comme moteur, on applique à ses bornes + et - une tension continue *U*. Cette tension fait passer un courant *I* dans l'induit. Les spires de l'induit sont soumises de ce fait à des couples de forces de Laplace qui font tourner le rotor. Rappelons que le sens d'une force de Laplace *F* est donné par la *règle de la main droite* ($\vec{F}$ - pouce, $\vec{B}$ - majeur, $\vec{I}$ - index). Quand une spire passe par sa position verticale, les balais changent de lame de collecteur, le courant et par conséquent le couple de forces changent de sens et le rotor continue à tourner.

Pendant que le moteur tourne, une f.e.m. est engendrée dans l'induit selon la loi de Faraday. Cette f.e.m. est la même que celle d'une génératrice, peu importe qui fait tourner le rotor :

$E = K\Phi\Omega$ (voir plus haut).

Compte tenu de la résistance ohmique *R* de l'induit, on peut écrire :

$E = U - RI$, ce qui donne le même schéma équivalent de l'induit que celui d'une génératrice :

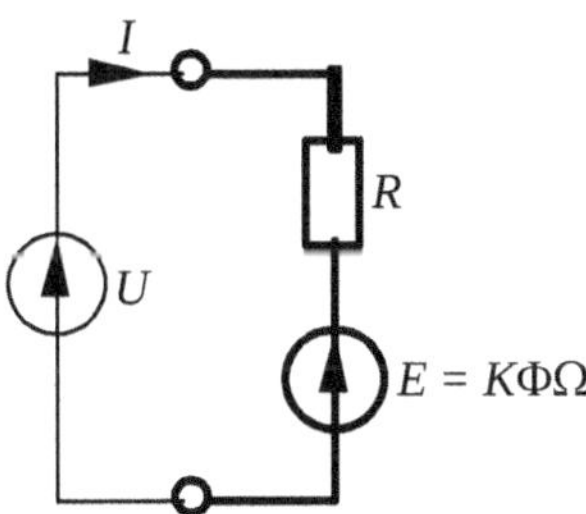

A noter quand même que le sens du courant *I* est opposé à celui d'une génératrice, car ici l'induit est une charge électrique et non pas une source électrique.

Remarque. Ce schéma équivalent n'est valable qu'en courant continu. L'induit étant un bobinage, si le courant I a des composantes alternatives, le schéma équivalent doit être complété par l'inductance L de l'induit :

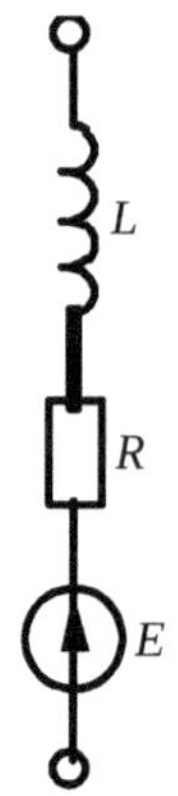

La puissance électrique fournie à l'induit est égale à UI. Une partie (RI^2) de cette puissance est transformée en chaleur par l'effet de Joule. Une autre partie P_c doit compenser les pertes mécaniques (les frottements) et magnétiques (d'hystérésis et de Foucault) que l'on appelle souvent *pertes collectives*. La puissance P_c est aussi transformée en chaleur. La puissance restante $UI - RI^2 - P_c = EI - P_c$ est convertie en *puissance mécanique utile* P_u laquelle est fournie à la charge mécanique couplée avec l'arbre du moteur :

$P_u = T_u\Omega = EI - P_c$ où T_u est le moment du couple de forces utiles et Ω, la vitesse de rotation.

En associant à la puissance des pertes collectives P_c un moment de couple de forces $T_e = \dfrac{P_c}{\Omega}$, on peut écrire :

$EI = P_u + P_c = (T_u + T_c)\Omega = T\Omega$ où $T = T_u + T_c$ est le moment du couple de forces total.

Comme $E = K\Phi\Omega$, il suit :

$T = K\Phi I$ et $T_u = K\Phi I - T_c$.

Étant donné que les pertes sont proportionnelles à la vitesse, T_c = const. Le courant I est donc proportionnel au moment T_u du couple de forces utiles qui font tourner le moteur, et ne dépend pas de la vitesse de rotation Ω, ni de la tension U :

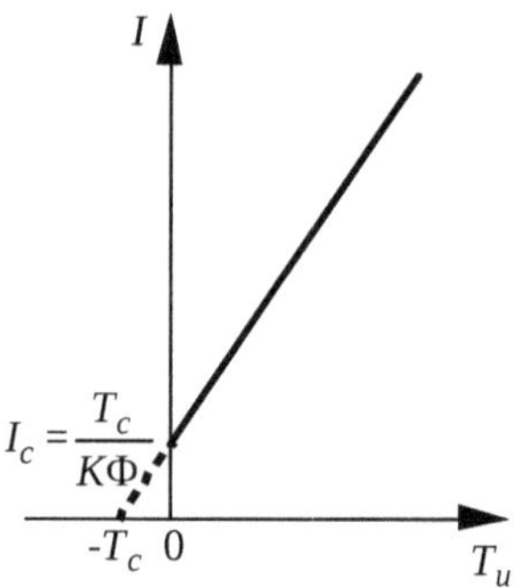

Exprimons la vitesse de rotation Ω en fonction de U et I :

$$\Omega = \frac{E}{K\Phi} = \frac{U - RI}{K\Phi} = aU - bI$$

avec $a = \dfrac{1}{K\Phi}$ et $b = \dfrac{R}{K\Phi}$.

A vide (sans charge mécanique externe) $T_u = 0$, $T = T_c$ et $I = I_c = \dfrac{T_c}{K\Phi}$.

La vitesse de rotation à vide est alors :

$$\Omega_0 = aU - bI_c = aU - b\frac{T_c}{K\Phi}.$$

Quand les pertes collectives sont négligeables, $\Omega_0 \approx aU$.

Les caractéristiques $\Omega(I)$ à U = const et $\Omega(U)$ à I = const sont dressées ci-après :

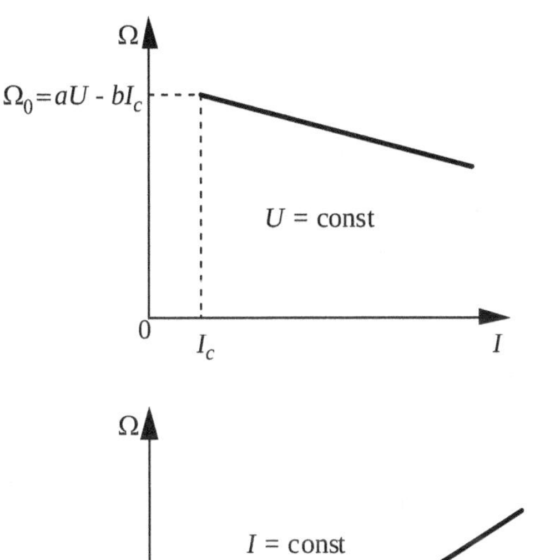

Ω

I = const

0

-bI

RI

U

Le rendement du moteur

$$\eta = \frac{P_u}{UI} = \frac{UI - RI^2 - P_c}{UI}.$$

Il dépend de la charge mécanique et de la vitesse de rotation.

Remarque. Le courant traversant l'induit dépend de la vitesse de rotation: $I = \dfrac{U-E}{R} = \dfrac{U-K\Phi\Omega}{R}$. Au moment du démarrage cette vitesse est égale à zéro et $I = \dfrac{U}{R}$, ce qui dépasse plusieurs fois la valeur en régime permanent. Cette surintensité est dangereuse car :

- elle peut endommager les fils de l'induit et (ou) les contacts glissants balais-collecteur ;
- elle peut surcharger et endommager la source de tension U.

Pour l'éviter, il faut utiliser un dispositif qui limite la tension U durant le démarrage. Cela peut être un rhéostat branché en série à la source de tension U, ou bien un circuit électronique. Le hacheur par exemple qui est utilisé pour réguler la vitesse de rotation, joue aussi le rôle de circuit de démarrage, car pendant le régime transitoire sa tension de sortie U, mais aussi le courant à travers sa bobine croissent progressivement de zéro à leurs valeurs permanentes (voir la section 4.1).

Exercices résolus

5.1.1 Réglage de la vitesse de rotation à vide par le courant d'excitation

La machine à courant continu de l'exercice 5.1.8 est utilisée comme moteur.

Tracer la courbe $\Omega_0(I_0)$ si la résistance de l'induit R = 0,4 Ω et la tension qui lui est appliquée U = 230 V et si le moment du couple de forces associé aux pertes collectives est T_c = 5 Nm.

Solution

A chaque valeur du courant dans l'inducteur I_0 correspond une valeur de la f.e.m. E dans l'induit que l'on peut relever de la caractéristique interne $E(I_0)$ à Ω = const donnée à l'exercice 5.1.8. Pour chaque valeur de E on calcule $K\Phi = \dfrac{E}{\Omega}$ et $\Omega_0 = \dfrac{U}{K\Phi} - \dfrac{R}{(K\Phi)^2} T_c$.

On porte les résultats dans le tableau suivant et on trace la courbe $\Omega_0(I_0)$ à partir de ce tableau (attention, la vitesse de rotation doit être en rad/s dans les formules).

I_0, A	0,2	0,4	0,6	0,8
E, V	98	174	212	227
$K\Phi$, Vs/rad	0,468	0,831	1,01	1,084
Ω_0, rad/s	323	183	151	141
Ω_0, tr/min	3084	1747	1442	1343

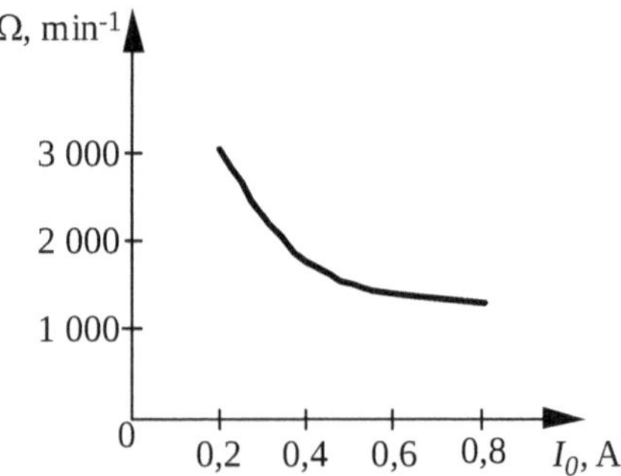

5.1.2 Variation de la vitesse de rotation par hacheur-abaisseur

Un moteur courant continu est alimenté par un hacheur-abaisseur (voir la figure 8). En négligeant l'ondulation de la tension U,

a) Exprimer la vitesse de rotation Ω en fonction du rapport cyclique γ du signal de commande du hacheur et du moment du couple de forces utiles T_u du moteur ;

b) Calculer la variation de la vitesse correspondant à la variation de γ de 0,1 à 0,9, si la tension d'entrée du hacheur V = 120 V, le moment du couple T_u = 20 Nm, la résistance ohmique de l'induit R = 0,3 Ω et les paramètres nominaux du moteur sont : U = 100 V, I = 0 A, Ω = 1 200 tr/min et η = 90 %.

Solution

a) Pour le hacheur-abaisseur de la figure 8, nous avons obtenu (voir (6)) : $U = \gamma V - (1 - \gamma)V_0$ avec $V_0 = 0{,}6$ V - la tension du coude de la diode. D'autre côté, si l'on remplace l'induit par son schéma équivalent courant continu, on peut écrire :

$$U = E + RI = K\Phi\Omega + R\frac{T}{K\Phi} = K\Phi\Omega + R\frac{T_u}{K\Phi} + R\frac{T_c}{K\Phi}.$$ Il suit :

$$\Omega = \frac{\gamma V - (1-\gamma)V_0 - R\frac{T_u}{K\Phi} - R\frac{T_c}{K\Phi}}{K\Phi}.$$

A T_u = const, la vitesse de rotation est directement proportionnelle au rapport cyclique γ.

b) La f.e.m. dans l'induit en régime nominal $E = U - RI = 100 - 0{,}3 \times 20 = 94$ V. La vitesse de rotation en régime nominal $\Omega = 1\ 200 \times \frac{2\pi}{60} = 125{,}6$ rad/s. La constante $K\Phi = \frac{E}{\Omega} = \frac{94}{125{,}6} = 0{,}75$ Vs/rad. Les pertes collectives $P_c = UI(1 - \eta) - RI^2 = 100 \times 20(1 - 0{,}9) - 0{,}3 \times 20^2 = 80$ W. Le moment du couple associé $T_c = \frac{P_c}{\Omega} = \frac{80}{125{,}6} = 0{,}636$ Nm. Ce moment ne dépend pas de Ω. Pour la charge mécanique donnée ($T_u = 20$ Nm), on calcule alors :

$\Omega_{min} = 4{,}91$ rad/s = 47 tr/min à $\gamma = 0{,}1$,

$\Omega_{max} = 132{,}9$ rad/s = 1269 tr/min à $\gamma = 0{,}9$.

L'éventail du réglage peut être ajusté en choisissant une autre tension V et d'autres valeurs minimale et maximale du rapport cyclique γ.

Exercices à résoudre

5.1.3 Changement du sens de rotation

Comment inverser le sens de rotation d'un moteur à courant continu :

a) à aimants permanents ;

b) à électro-aimants?

5.1.4

On lit sur la plaque signalétique d'un mini-moteur à courant continu : $\Omega = 2\ 000$ tr/min, $U = 24$ V, $I = 0{,}53$ A, $\eta = 68$ %. La résistance de l'induit mesurée est $R = 14{,}1\ \Omega$. Calculer :

a) La valeur de la f.e.m. E engendrée dans l'induit.

Réponse : $E = 16{,}52$ V.

b) La vitesse de rotation en rad/s.

Réponse : $\Omega = 209{,}4$ rad/s.

c) Le coefficient $K\Phi$.

Réponse : $K\Phi = 0{,}0789$ Vs/rad.

d) Le moment du couple de forces total.

Réponse : $T = 0{,}0418$ Nm.

e) La puissance des pertes collectives P_c et le moment du couple de forces associé T_c.

Réponse : $P_c = 0{,}11$ W, $T_c = 0{,}52$ mNm.

f) La puissance mécanique utile P_u et le moment du couple de forces utiles T_u.

Réponse : $P_u = 8{,}65$ W, $T_u = 41{,}3$ mNm.

g) Le courant dans l'induit à vide.

Réponse : $I_c = 6{,}59$ mA.

h) La vitesse de rotation à vide.

Réponse : $\Omega_0 = 2\ 893$ tr/min.

5.1.5

Un moteur tourne à vide avec une vitesse Ω_0 = 2 500 tr/min. On mesure un courant I_c = 0,5 A dans l'induit lequel est alimenté par une source de tension U = 230 V et a une résistance ohmique R = 0,4 Ω.

a) Tracer les caractéristiques $\Omega(U)$ à $I = I_c$ et à I = 5 A.

b) Tracer les caractéristiques $\Omega(I)$ à U = 100 V et à U = 230 V. Comment changent I_c et Ω_0?

5.1.6

Pourquoi le courant I dans l'induit d'un moteur à courant continu en régime permanent est-il beaucoup plus petit que celui donné par la loi d'Ohm $\frac{U}{R}$?

5.1.7

Calculer la résistance R_d et la puissance nominale P_d du rhéostat de démarrage d'un moteur à courant continu nécessaires pour limiter le courant dans l'induit à $2I$ si le courant et la tension nominales dans l'induit sont I = 15 A et U = 120 V, et sa résistance ohmique R = 0,5 Ω.

Réponse : R_d = 3,5 Ω, P_d = 3 150 W.

5.1.8 Caractéristique interne

Une génératrice à courant continu à électro-aimants est couplée à un moteur qui fait tourner son rotor à une vitesse Ω = 1 500 tr/min. En changeant le courant I_0 dans l'inducteur à l'aide d'un rhéostat et en mesurant la tension sur l'induit à vide E, on relève *la caractéristique interne* (ou *caractéristique à vide*) de la machine :

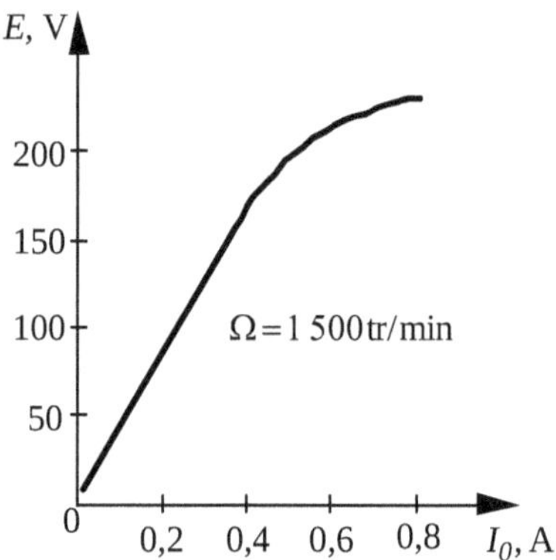

On s'aperçoit qu'à $I_0 = 0$, $E \neq 0$. Ceci est dû à l'aimantation rémanente des pôles qui crée un faible flux magnétique résiduel traversant l'induit.

On s'aperçoit aussi qu'à des courants I_0 forts, la caractéristique devient non linéaire. Ceci est dû à la saturation du noyau féromagnétique des pôles ; en effet, la courbe $E(I_0)$ a la même allure que la courbe de magnétisation $B(H)$.

Tracer la caractéristique $E(I_0)$ si Ω = 1 000 tr/min.

5.1.9 Vitesse de rotation et rendement à charge

L'inducteur d'un moteur à courant continu à électro-aimants est alimenté par un courant I_0 = 0,5 A et l'induit, par une tension U = 120 V. A vide, on mesure un courant I_c = 0,8 A dans l'induit.

a) A quelle vitesse va tourner le moteur si sa caractéristique interne $E(I_0)$ à Ω = const est celle de l'exercice 5.1.8, la résistance ohmique de l'induit R = 0,4 Ω et le moment du couple de forces utiles T_u = 40 Nm.

Réponse : $K\Phi$ = 1,27 Vs/rad, T_c = 1,01 Nm,

I = 32,3 A, Ω = 84,3 rad/s = 805 tr/min.

b) Calculer la puissance utile fournie à la charge et le rendement à ces conditions, ainsi que la puissance des pertes collectives P_c, en négligeant les pertes dans l'inducteur.

Réponse : P_u = 3 372 W, η = 87 %, P_c = 85,1 W.

5.1.10 Caractéristique mécanique

Pour le moteur de l'exercice 5.1.9, tracer la caractéristique $T_u(\Omega)$ à U = 120 V, puis à U = 240 V. Quelles est la vitesse de rotation à vide Ω_0 dans les deux cas? Quelle est l'utilité de ces courbes?

Réponse : $T_u = \dfrac{K\Phi}{R}(U - K\Phi\Omega) - T_c$.

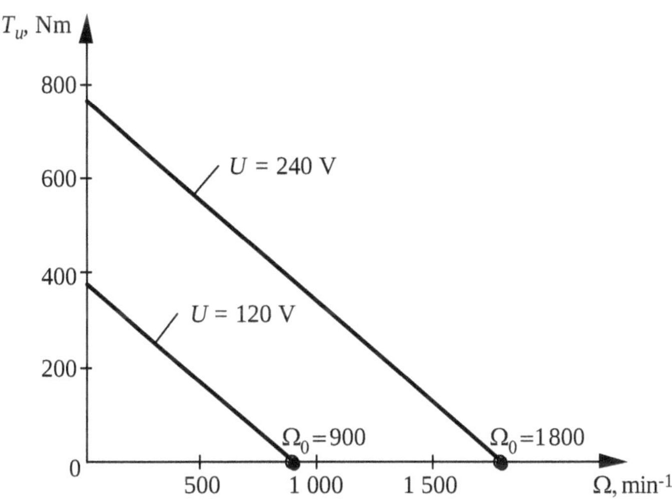

5.1.11 Variation de la vitesse de rotation par hacheur-élévateur

Reprendre l'exercice 5.1.2 avec un hacheur-élévateur (voir la figure 9) si V = 6 V, T_u = 0,2 Nm, T_c = 0,01 Nm, R = 9 Ω et U = 48 V, I = 0,27 A et Ω = 800 tr/min en régime nominal. Comparer à la variation par hacheur-abaisseur.

Réponses : **a)** $\Omega = \dfrac{\dfrac{V}{1-\gamma} - V_0 - R\dfrac{T_u}{K\Phi} - R\dfrac{T_c}{K\Phi}}{K\Phi}$.

b) Ω_{min} = 45 tr/min à γ = 0,1, Ω_{max} = 988 tr/min à γ = 0,9.

Inconvénients : 1) la fonction $\Omega(\gamma)$ n'est pas linéaire ; 2) le courant puisé de la source de tension V est $\dfrac{1}{1-\gamma}$ fois plus grand que I.

6 Conversions optique↔électrique

6.1 Radiations lumineuses

Les radiations électromagnétiques sont des vibrations simultanées d'un champ électrique et d'un champ magnétique perpendiculaires entre eux qui se propagent perpendiculairement au plan formé par ces deux champs. La vibration d'une certaine fréquence f s'appelle *onde*. *La longueur d'onde* λ (lambda), c'est la distance parcourue par une onde en une période T :

$\lambda = vT = \frac{v}{f}$ où $T = \frac{1}{f}$ et v est *la célérité* (la vitesse de propagation) des ondes électromagnétiques. Cette dernière dépend du milieu et, d'une façon moindre, de la fréquence f des ondes :

$v = \frac{c}{n}$ où $c = 3 \times 10^8$ m/s et n est *l'indice de réfraction* du milieu à la fréquence donnée. Le tableau suivant donne les valeurs de l'indice moyen de réfraction de la lumière visible pour quelques milieux de propagation. Dans le vide (et, pratiquement, dans l'air) $n = 1$ et $v = c$. La constante c est donc la célérité des ondes électromagnétiques dans le vide.

Milieu	***n***
Vide	1
Air	1,000 3 (≈ 1)
Eau	1,33
Verre	1,5
Silicium	3,4

Une radiation peut contenir plusieurs ondes de différentes fréquences (et amplitudes) qui constituent son *spectre*. Le spectre de l'ensemble des radiations électromagnétiques est divisé en *bandes* selon les fréquences des ondes (ou leurs longueurs $\lambda = \frac{c}{f}$ dans le vide) :

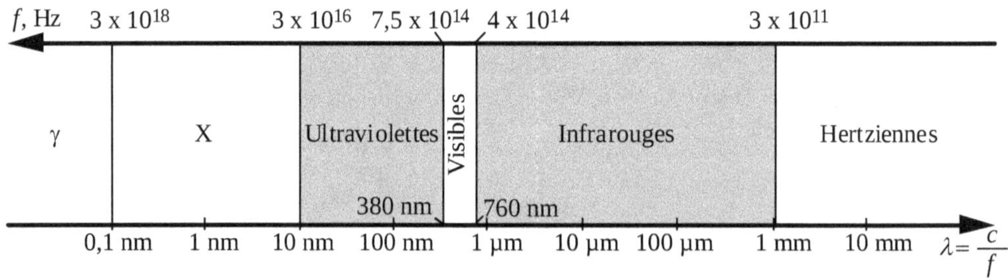

Les échelles pour λ et f sont logarithmiques.

Chaque bande est divisée à des bandes plus étroites. Par exemple, les ondes hertziennes, qui sont utilisées dans les télécommunications, peuvent être grandes, petites, courtes, VHF (very high frequencies), UHF (ultra high frequencies) ou SHF (super-high frequencies, hyperfréquences, micro-ondes) ; les ondes ultraviolettes peuvent être de type A (les plus longues), B ou C (les plus courtes) ; les ondes infrarouges peuvent être proches (des ondes visibles), moyennes ou éloignées (les plus longues).

Les radiations lumineuses incluent les radiations visibles par l'œil humain, mais aussi les radiations infrarouges et ultraviolettes qui leur sont proches. On utilise pour elles souvent le terme *lumière*, ce qui est justifié par le fait que leur propriétés physiques sont pareilles. La branche de l'électronique qui s'occupe de leur utilisation s'appelle *optoélectronique*. Mais elles sont utilisées aussi à des fins énergétiques.

Le spectre de la lumière visible est très étroit : de 380 à 760 nm. Il est divisé en bandes comme suit (l'échelle est linéaire) :

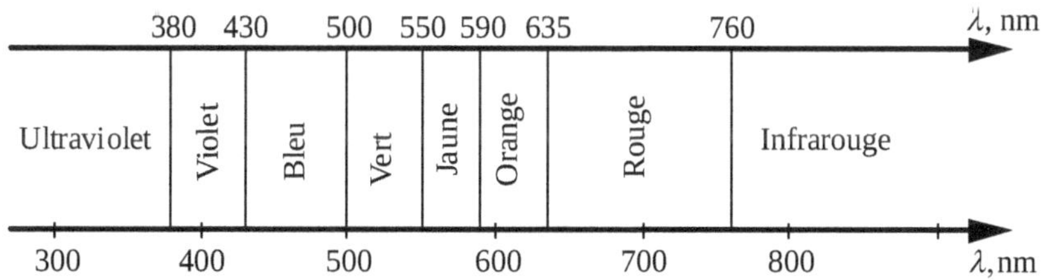

On s'aperçoit facilement que le code de couleurs utilisé pour le marquage des composants électriques suit l'agencement naturel des couleurs dans le spectre de la lumière.

Remarque. Les limites entre les différentes bandes des radiations électromagnétiques en général et lumineuses en particulier sont floues ; le passage d'une couleur à une autre n'est pas brusque et les couleurs ont des nuances selon leurs longueurs d'onde.

♦ Réflexion

Dans un milieu transparent homogène et isotrope, la lumière se propage d'une façon linéaire. En rencontrant un miroir plan, le faisceau lumineux est réfléchi (miroité) :

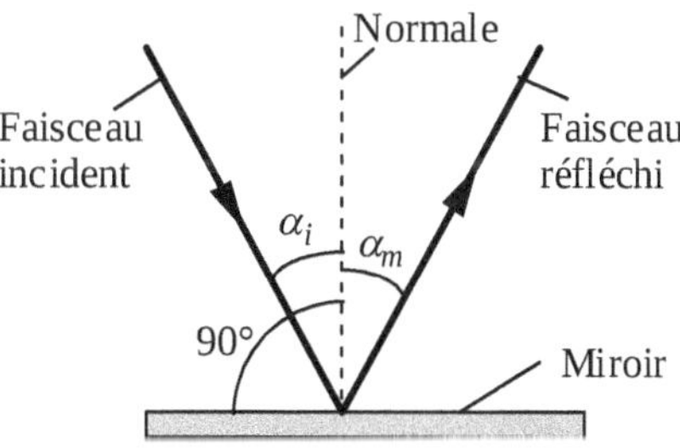

Les lois régissant la réflexion ont été formulées par le philosophe et savant français René Descartes (1596-1650) auquel appartient la fameuse phrase *cogito ergo sum* (*je pense, donc je suis*) :

- le faisceau réfléchi est dans le plan défini par le faisceau incident et la normale au plan du miroir ;

- l'angle de réflexion α_m et l'angle d'incidence α_i sont égaux ($\alpha_m = \alpha_i$).

♦ Réfraction

En atteignant la surface de séparation de deux milieux transparents homogènes et isotropes, le faisceau lumineux est partiellement réfléchi et partiellement réfracté :

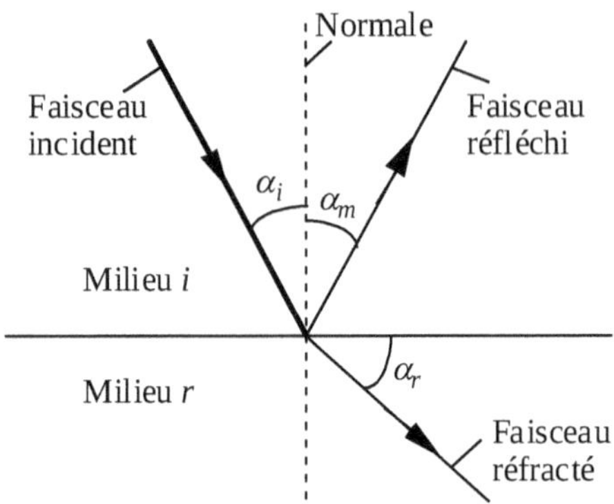

Les lois régissant la réfraction ont également été formulées par Descartes :

- le faisceau réfracté est dans le plan des faisceaux incident et réfléchi ;
- l'angle de réfraction α_r et l'angle d'incidence α_i sont liés par la relation $\frac{\sin\alpha_r}{\sin\alpha_i} = \frac{n_i}{n_r}$ où n_i et n_r sont *les indices de réfraction* des deux milieux.

Comme $n_r = \frac{c}{v_r}$ et $n_i = \frac{c}{v_i}$ où v_r et v_i sont les célérités dans les deux milieux, on peut écrire : $\frac{\sin\alpha_r}{\sin\alpha_i} = \frac{v_r}{v_i}$.

Si $n_r < n_i$, α_r atteint sa valeur maximale ($\frac{\pi}{2}$) quand $\alpha_i = \arcsin\frac{n_r}{n_i}$ car $\sin\frac{\pi}{2} = 1$. Pour des valeurs de α_i entre $\arcsin\frac{n_r}{n_i}$ et $\frac{\pi}{2}$, il n'y a pas de réfraction et le faisceau incident est entièrement réfléchi. Cette propriété de la lumière est utilisée dans les *fibres optiques*. Ce sont des fibres de verre très fines (ce qui les fait souples) d'un indice de réfraction n_i couvertes d'une couche de verre ou plastique d'un indice de réfraction $n_r < n_i$:

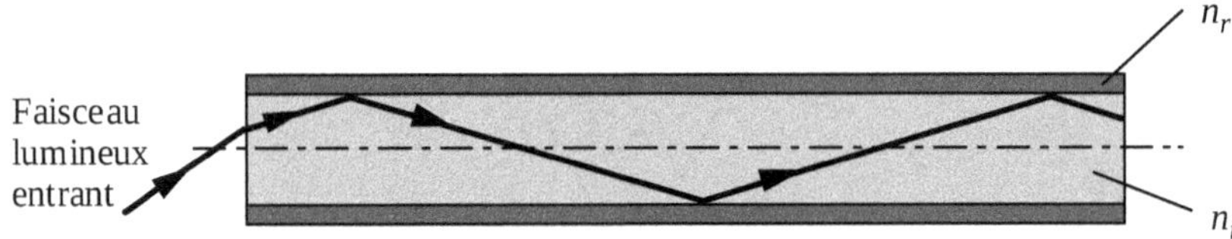

Elles servent à transmettre la lumière entre un émetteur et un récepteur. On peut transmettre ainsi des signaux électriques en les convertissant en signaux lumineux dans l'émetteur et en reconvertissant les signaux lumineux en signaux électriques dans le récepteur avec des nombreux avantages : isolation galvanique (électrique) entre l'émetteur et le récepteur, insensibilité à la corrosion chimique et aux perturbations électromagnétiques, moins de pertes, moins de poids, capacité de transport de l'information beaucoup plus élevée, etc.

♦ Unités de mesure

Elles sont énergétiques (ou radio-métriques) et physiologiques (ou photométriques).

Les unités de mesure énergétiques sont utilisées pour toutes les radiations lumineuses (visibles, ultraviolettes et infrarouges). La puissance de la radiation s'appelle *flux énergétique* et son unité de mesure est le watt (W). La densité du flux énergétique qui arrive à une surface s'appelle *flux énergétique surfacique* et se mesure en watts par mètre carré (W/m^2). *L'intensité énergétique* d'une source de radiations lumineuses dans une direction donnée, c'est le flux énergétique dans un stéradian (W/sr).

Les unités de mesure physiologiques sont utilisées exclusivement pour les radiations visibles. Elles tiennent compte de la sensibilité de l'œil humain moyen laquelle est maximale à λ = 555 nm (lumière jaune, à la limite de la lumière verte) :

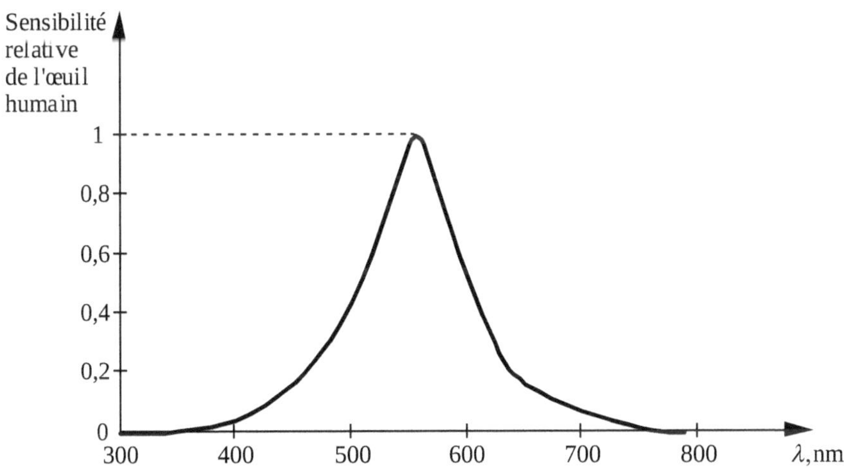

Fig. 10 Sensibilité relative de l'œil humain aux émissions lumineuses de différentes longueurs d'onde

La puissance de la radiation visible s'appelle *flux lumineux* et son unité de mesure physiologique est *le lumen* (lm). Une onde d'un flux énergétique de 1 W et d'une longueur λ = 555 nm a un flux lumineux de 683 lm. Une onde d'un flux énergétique de 1 W et d'une longueur λ = 650 nm a un flux lumineux de 0,16 × 683 = 110 lm où 0,16 est la sensibilité relative de l'œil humain à cette longueur d'onde.

A l'exception des lasers, les sources de lumière ne sont pas monochromatiques ; leur spectre contient pratiquement toutes les longueurs d'onde visibles et beaucoup d'ondes invisibles. Le flux énergétique et le flux lumineux dans ce cas sont les valeurs moyennes (intégrales) pour toutes les longueurs d'ondes représentées.

A la figure suivante, la courbe 1 représente le spectre des radiations émises par une source de lumière. Le flux énergétique (moyen) de la source est égal à l'aire délimitée par la courbe et l'axe des abscisses, divisée par (λ_{max} - λ_{min}). Le flux énergétique (moyen) des radiations visibles est égal à l'aire ombragée divisée par 760 - 380 = 380 nm. Le flux lumineux à chaque longueur d'onde est obtenu en multipliant la valeur du flux énergétique par la sensibilité absolue de l'œil humain à cette longueur d'onde. On obtient ainsi la courbe 2. Le flux lumineux (moyen) de la source est égal à l'aire délimitée par la courbe 2 et l'axe des abscisses, divisée par 380 nm.

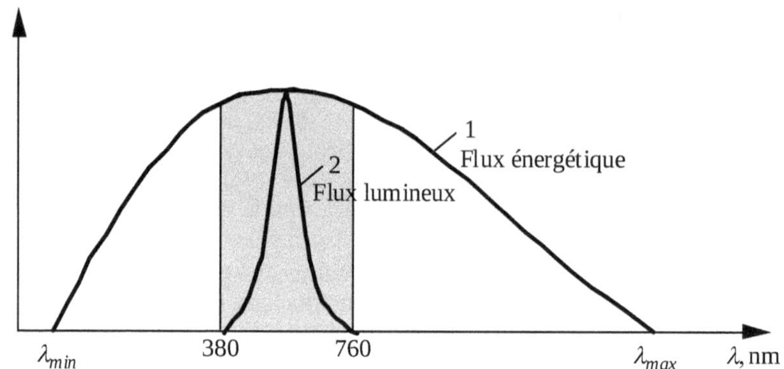

Le rendement lumineux d'une source de lumière est égale au quotient du flux lumineux qu'elle émet par la puissance qu'elle consomme. Une lampe à incandescence de 40 W par exemple émet un flux lumineux (moyen) de 600 lm ; son rendement lumineux est de $\frac{600}{40}$ = 15 lm/W. Un tube fluorescent de 36 W émet un flux lumineux de 2 700 lm ; son rendement lumineux est de $\frac{2700}{36}$ = 75 lm/W.

La densité du flux lumineux qui arrive sur une surface s'appelle *éclairement* et son unité de mesure est *le lux* (lx) : 1 lx = 1 lm/m^2. Un éclairement de 200 à 300 lx est nécessaire pour lire et écrire normalement.

L'intensité lumineuse d'une source de lumière dans une direction donnée, c'est le flux lumineux dans un stéradian ; son unité de mesure est *la candela* (cd) : 1 cd = 1 lm/sr.

Exercices résolus

6.1.1 Réfraction

Un faisceau lumineux est composé de deux ondes dont les longueurs dans l'air sont de 700 nm (rouge) et de 450 nm (bleue). Il tombe sur un prisme triangulaire en verre derrière lequel il y a un écran blanc parallèle à son côté incident :

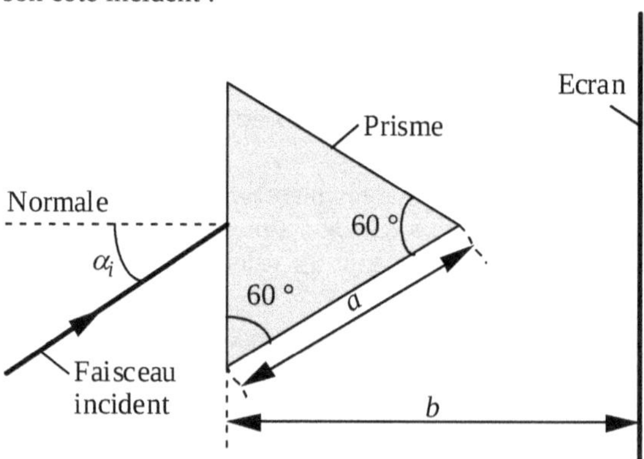

Qu'est-ce qu'on va observer sur l'écran, si l'angle d'incidence α_i = 35 °, a = 4 cm, b = 8 cm et les indices de réfraction du verre pour l'onde rouge et l'onde bleue sont n_r = 1,56 et n_b = 1,46.

Solution

L'indice de réfraction des deux ondes (la rouge et la bleue) dans l'air est le même : $n_i = 1$.

De la relation $\frac{\sin\alpha_r}{\sin\alpha_i} = \frac{n_i}{n_r}$ pour $\alpha_i = 35$ °, $n_i = 1$ et $n_r = 1{,}56$ on trouve l'angle de réfraction de l'onde rouge dans le verre :

$\alpha_r = \arcsin(\frac{\sin\alpha_i}{n_r}) = \arcsin(\frac{\sin 35°}{1{,}56}) = \arcsin(\frac{0{,}5736}{1{,}56}) = \arcsin 0{,}3677 = 21{,}5$ °.

De la même relation pour $n_b = 1{,}46$ on trouve l'angle de réfraction de l'onde bleue dans le verre $\alpha_b = \arcsin(\frac{\sin 35°}{1{,}46}) = 23{,}1$ ° :

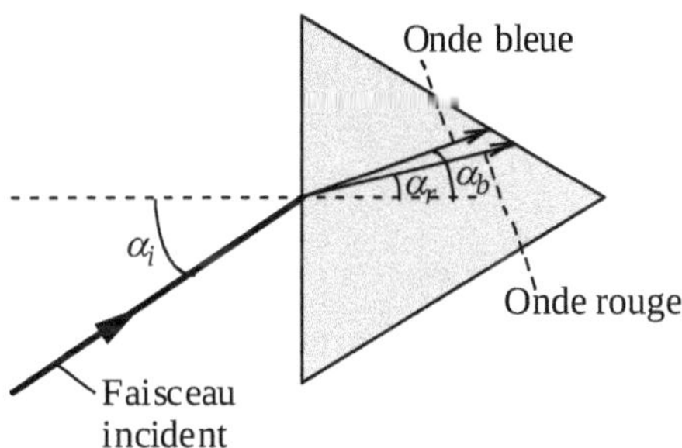

En traversant le prisme, l'onde bleue atteint son côté supérieur et sort réfractée dans l'air :

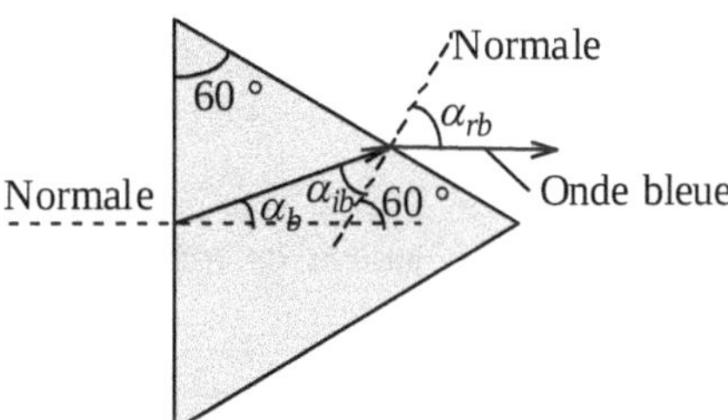

Étant donné que l'angle entre les normales des deux côtés est égal à l'angle entre eux (60 °), on peut calculer l'angle d'incidence de l'onde bleue sur le côté supérieur :

$\alpha_{ib} = 180 - (180 - 60) - \alpha_b = 180 - 120 - 23{,}1 = 36{,}9$ °.

De la même relation $\frac{\sin\alpha_{rb}}{\sin\alpha_{ib}} = \frac{n_b}{n_i}$ pour $\alpha_{ib} = 36{,}9$ °, $n_b = 1{,}46$ et $n_i = 1$ on trouve l'angle de réfraction de l'onde bleue dans l'air : $\alpha_{rb} = \arcsin(\frac{n_b}{n_i}\sin\alpha_{ib}) = \arcsin(\frac{1{,}46}{1}\sin 36{,}9°) = 61{,}2$ °.

De la même manière pour l'onde rouge on calcule l'angle d'incidence sur le côté supérieur

$\alpha_{ir} = 180 - (180 - 60) - \alpha_r = 60 - 21{,}5 = 38{,}5$ ° et l'angle de réfraction dans l'air

$\alpha_{rr} = \arcsin(\frac{n_r}{n_i}\sin\alpha_{ir}) = \arcsin(\frac{1{,}56}{1}\sin 38{,}5°) = 76{,}2$ °.

En respectant les valeurs numériques, on dessine :

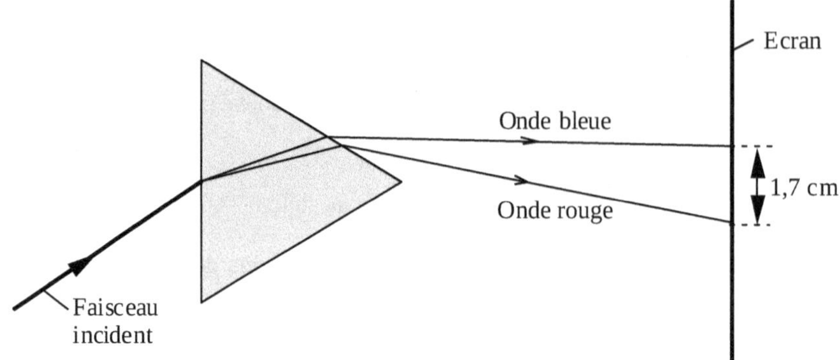

On va observer sur l'écran deux spots (rouge et bleu) distancés à 1,7 cm l'un de l'autre. Ce résultat est conforme à la fameuse expérience qui a permis de démontrer que la lumière blanche est composée d'ondes de toutes les couleurs.

6.1.2 Fibre optique

Un faisceau lumineux se propageant dans l'air entre dans une fibre optique :

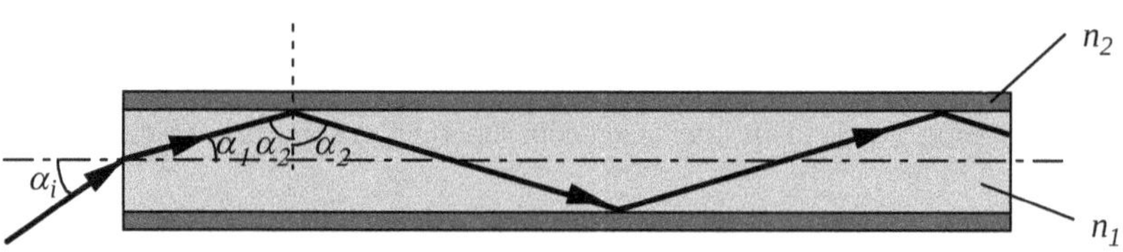

Trouver la plage des valeurs de l'angle d'incidence α_i pour lesquelles le faisceau se propagera à l'intérieur de la fibre sans réfractions, si les indices de réfraction du noyau et de la gaine sont n_1 = 1,5 et n_2 = 1,485.

Solution

En entrant dans la fibre, le faisceau est réfracté selon la relation $\frac{\sin\alpha_i}{\sin\alpha_1} = \frac{n_1}{n_i}$ avec $n_i \approx 1$ (l'indice de réfraction de l'air), d'où $\sin\alpha_i = n_1 \sin\alpha_1$.

Pour que le faisceau soit entièrement réfléchi par la gaine, il faut que $\sin\alpha_2 \geq \frac{n_2}{n_1}$.

Mais $\alpha_2 = \frac{\pi}{2} - \alpha_1$ et donc :

$\sin\alpha_2 = \sin(\frac{\pi}{2} - \alpha_1) = \cos\alpha_1$,

$\sin\alpha_1 = \sqrt{1-\cos^2\alpha_1} = \sqrt{1-\sin^2\alpha_2} \leq \sqrt{1-(\frac{n_2}{n_1})^2} = \frac{\sqrt{n_1^2-n_2^2}}{n_1}$,

$\sin\alpha_i \leq \sqrt{n_1^2-n_2^2}$ et $\alpha_i \leq \arcsin\sqrt{n_1^2-n_2^2} = \arcsin\sqrt{1,5^2-1,485^2} = 12,2$ °.

La plage nécessaire de α_i est de 0 à 12,2 °.

6.1.3 Flux énergétique, flux lumineux

Deux sources de lumière ont les caractéristiques spectrales suivantes :

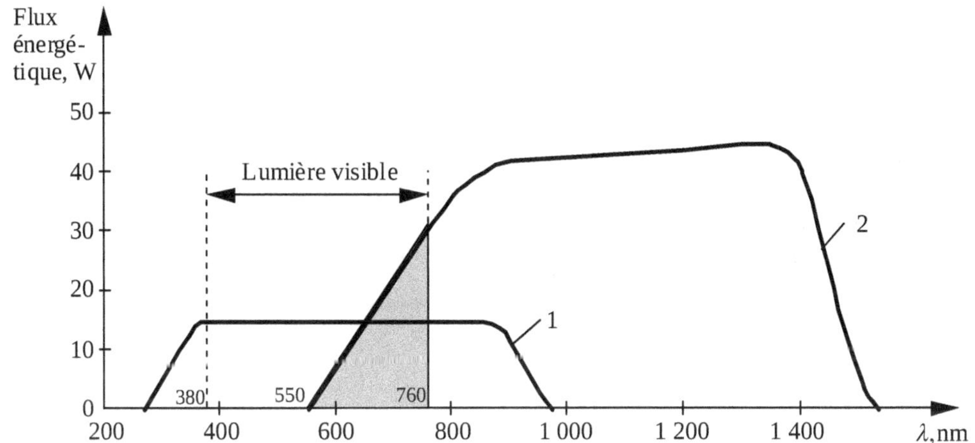

Calculer approximativement le flux énergétique et le flux lumineux des radiations visibles de chacune des deux sources. Comparer et conclure.

Solution

Il s'agit de flux moyens, car les émissions ne sont pas monochromatiques. Le flux énergétique visible de la source 1 est constant et sa valeur moyenne est égale à 15 W. Le flux énergétique visible de la source 2 est égal à l'aire du triangle ombragé $\frac{31(760-550)}{2}$ divisée par 380 nm, c'est-à-dire à 8,57 W.

Pour obtenir la valeur du flux lumineux, il faut multiplier la valeur du flux énergétique à chaque longueur d'onde par la sensibilité absolue de l'œil humain, calculer l'aire délimitée par la courbe obtenue et l'axe des abscisses et diviser le résultat par 380 nm. En sachant que la sensibilité absolue est égale à la sensibilité relative multipliée par 683 lm/W, on trouve pour la source 1 la courbe de la figure 10 avec, sur l'axe des ordonnées, un flux lumineux égal à 683 × 15 = 10 245 lm pour une sensibilité relative de 1. En comptant les petits carreaux, on trouve que l'aire délimitée par cette courbe et l'axe des abscisses est approximativement égale à $1{,}23 \times 10^6$ lm × nm, et en divisant par 380 nm, on obtient la valeur du flux lumineux (3 235 lm).

En procédant de la même façon pour la source 2, on obtient la courbe suivante :

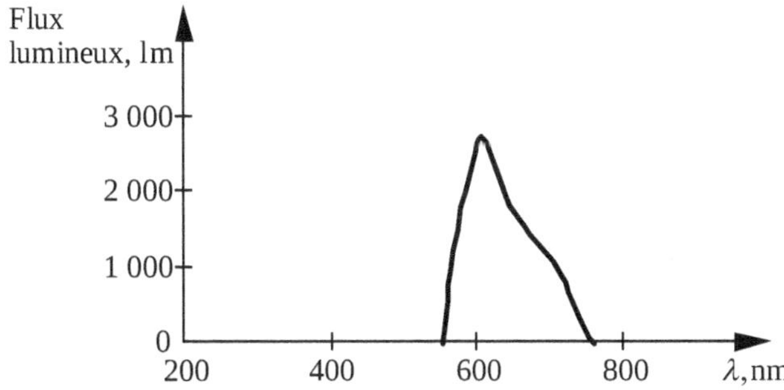

En comptant les petits carreaux, on trouve que l'aire délimitée par cette courbe et l'axe des abscisses est approximativement égale à 2,89 × 10^5 lm × nm, et en divisant par 380 nm, on obtient la valeur du flux lumineux (760 lm).

La source 1 a donc un flux énergétique $\frac{15}{8,57}$ = 1,75 fois plus grand et un flux lumineux $\frac{3\ 235}{760}$ = 4,25 fois plus grand que la source 2. C'est une source de lumière blanche parce qu'elle couvre tout le spectre de la lumière visible, tandis que la lumière de la source 2 est rougeâtre. Enfin, l'efficacité lumineuse de la source 1 est de loin meilleure que celle de la source 2 qui émet essentiellement des ondes infrarouges (de la chaleur).

6.1.4 Éclairement

Une lampe à incandescence a une intensité lumineuse de 800 candelas. Calculer l'éclairement à 1 m et à 2 m d'elle.

Solution

Une candela est égale à 1 lumen par stéradian.

Un stéradian, c'est l'angle solide qui découpe, sur une sphère centrée au sommet de cet angle, une surface égale à celle d'un carré ayant pour côté le rayon de la sphère.

A 1 mètre de la lampe, la surface correspondant à 1 sr est alors égale à 1 m^2, et à 2 mètres - à 4 m^2.

L'éclairement étant égal au flux lumineux par unité de surface éclairée, sa valeur est de 800 lx à 1 mètre et de 200 lx à 2 mètres de la lampe.

Exercices à résoudre

6.1.5 Longueur d'onde

L'émetteur de la radio France Info pour la région parisienne a une fréquence de 105,5 MHz. Quelle est sa longueur d'onde?

Réponse : 2,84 m.

6.1.6 Longueur d'onde

Un laser à CO_2 utilisé en chirurgie émet une onde électromagnétique d'une fréquence f = 2,83 × 10^{13} Hz. Calculer la longueur de l'onde dans l'air et dans l'eau où l'indice de réfraction pour cette fréquence est égal à 1,4.

Réponse : 10,6 μm et 7,57 μm.

6.1.7 Flux lumineux

Une onde a une longueur λ = 600 nm et un flux énergétique de 0,4 W. Quelle est sa couleur? Calculer son flux lumineux.

Réponse : Orange, 150 lm.

6.1.8 Flux énergétique

Une onde a une longueur λ = 450 nm et un flux lumineux de 300 lm. Quel est son flux énergétique?

Réponse : 2,58 W.

6.1.9 Intensité lumineuse

On mesure à 3 mètres d'une lampe un éclairement de 300 lx. Quelle est l'intensité lumineuse de la lampe dans cette direction?

Réponse : 2 700 cd.

6.2 Les diodes électroluminescentes

Les diodes électroluminescentes (DEL ou LED - *light emitting diodes* en anglais) convertissent l'énergie électrique en énergie optique. Le courant dans une diode à jonction PN est composé d'électrons qui traversent la jonction de la cathode vers l'anode et de trous qui traversent la jonction de l'anode vers la cathode. En se rencontrant dans la jonction, un certain nombre des électrons et des trous recombinent. Une recombinaison, c'est le passage d'un électron de la zone de conduction à la zone de valence où son énergie est moins grande. La différence de l'énergie se dégage sous forme de quantums thermiques (phonons) ou optiques (photons). Les diodes au silicium dégagent des phonons (de la chaleur). Les diodes à l'arséniure de gallium (GaAs), phosphure de gallium (GaP), phosphure-arséniure de gallium (GaAsP) ou carbure de silicium (SiC) émettent des photons.

Un photon est une particule sans masse ni charge électrique qui se déplace à la vitesse de la lumière et porte une énergie $W = hf$ où f est la fréquence de l'onde électromagnétique qui lui est associée et $h = 6{,}626 \times 10^{-34}$ Js est *la constante de Planck.*

Le nombre de photons est plus grand quand le courant est plus grand et quand l'anode et la cathode de la diode sont fortement dopées. L'augmentation du courant est limitée par la puissance que la diode peut dissiper. Quant au dopage, plus il est fort, plus la largeur électrique de la jonction PN est petite et avec elle, la tension de claquage V_R :

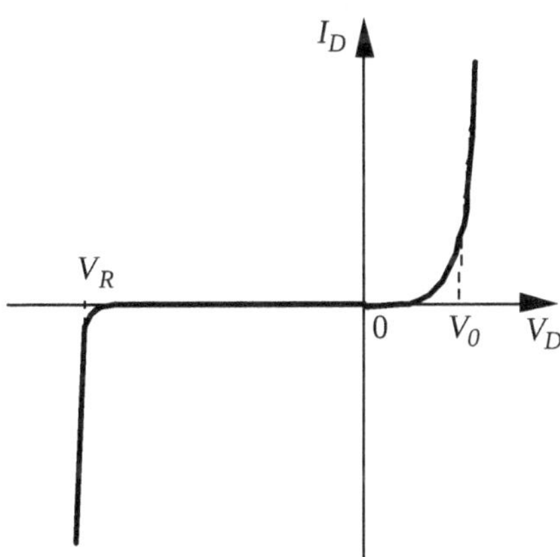

La valeur typique de V_R pour les DEL est de - 5 V, et pour les diodes au silicium, de - 50 V. Il faut faire attention de ne jamais l'atteindre.

La figure suivante donne les caractéristiques spectrales des DEL HLMP-3750 (rouge), HLMP-3850 (jaune) et HLMP-3950 (verte) du constructeur *Hewlett-Packard* et SFH416 (infrarouge) du constructeur *Siemens*.

La caractéristique spectrale, c'est l'intensité lumineuse (ou l'intensité énergétique pour la diode infrarouge) relative en fonction de la longueur d'onde dans le vide $\lambda = \dfrac{c}{f}$.

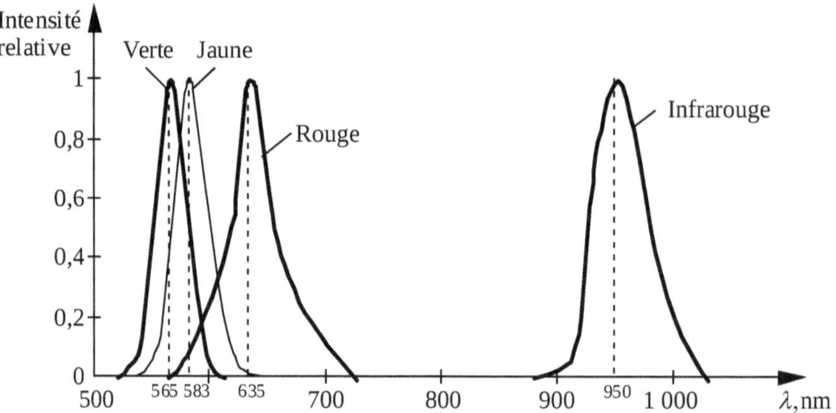

Les trois premières diodes sont à la base de GaP et la diode infrarouge, à la base de GaAs. Leurs caractéristiques directes ont les allures suivantes :

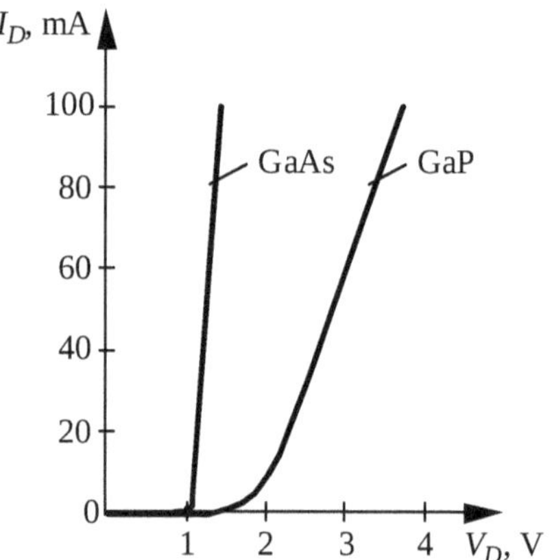

À noter que la tension du coude V_0, et en général, la chute de tension directe sur une DEL à GaAs sont plus grandes que celles sur une diode ordinaire au silicium, et que celles d'une DEL à GaP sont encore plus grandes. Les DEL à SiC qui émettent une lumière bleue, ont une tension du coude $V_0 \approx 3$ V. Plus la largeur ΔW de la bande interdite du semi-conducteur est large, plus le potentiel de contact V_0 de la jonction PN est grand et plus les fréquences des ondes émises est élevée. Ceci s'explique facilement, car un électron libre qui traverse une zone interdite plus large pour recombiner avec un trou dégage une énergie plus grande laquelle devient l'énergie du photon $W = hf$.

Le schéma électrique de branchement d'une DEL est le même que celui d'une diode ordinaire :

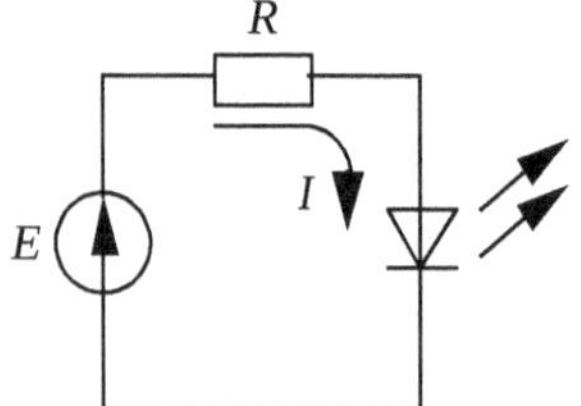

La résistance R est soit un composant, soit la résistance interne du générateur de tension E, soit la somme des deux. Son rôle est de protéger la diode en limitant le courant I lequel ne doit pas dépasser la valeur limite I_{Fmax} donnée dans le catalogue. En régime impulsionnel, la valeur limite est plus grande (inversement proportionnelle au rapport cyclique).

Les DEL infrarouges se caractérisent par leur intensité énergétique I_e à un courant donné (habituellement I_{Fmax}). Pour la diode SFH416 par exemple, $I_e \geq 10$ mW/sr à $I_D = I_{Fmax} = 100$ mA dans la direction axiale où l'intensité est maximale.

Les DEL visibles se caractérisent par leur intensité lumineuse I_v à un courant donné (habituellement I_{Fmax}), mais aussi par leur rendement lumineux η_v. Pour la diode verte HLMP-3950 par exemple, I_v = 120 mcd à I_D = 20 mA dans la direction axiale et η_v = 630 lm/W.

Exercice résolu

6.2.1 Diode électroluminescente

La DEL infrarouge SFH416 a une intensité énergétique $I_e \geq$ 10 mW/sr et émet un flux énergétique total Φ_e = 22 mW à I_D = 100 mA. En sachant que c'est une diode à GaAs :

a) Calculer son rendement énergétique η_e.

b) Calculer la puissance qu'elle fournit à une photodiode d'une surface sensible de 16 mm^2 se trouvant en face à une distance de 50 cm.

Solution

a) On relève de la caractéristique de la diode à GaAs donnée à la section 10.3.2 V_D = 1,3 V à I_D = 100 mA. La puissance consommée par la diode est $V_D I_D$ = 1,3 × 0,1 = 0,13 W. Le rendement énergétique de la diode $\eta_e = \dfrac{\Phi_e}{V_D I_D} = \dfrac{0,022}{0,13} = 0,17$.

b) La puissance fournie à une distance de 50 cm est égale à 10 mW/0,25 m^2 = 40 mW/m^2. La puissance fournie à la photodiode est alors égale à $40 \times 10^{-3} \times 16 \times 10^{-6}$ = 0,64 µW.

Exercices à résoudre

6.2.2 DEL - tension de claquage

Les DEL ont une tension de claquage inverse relativement petite (de l'ordre de quelques volts). Pourquoi?

6.2.3 Matériau pour DEL

Le silicium ne convient pas pour faire des DEL. Pourquoi?

6.2.4

Répondre par "oui" ou par "non" aux affirmations suivantes :

a) Le potentiel de contact V_0 d'une DEL verte est plus élevé que celui d'une DEL orange.

b) L'énergie des photons infrarouges est plus grande que celle des photons rouges.

Justifier vos réponses.

6.2.5 DEL - résistance de protection

a) Choisir la résistance de protection R d'une DEL à GaAs pour qu'elle soit traversée par un courant I = 20 mA quand E = 5 V.

b) Idem pour une DEL à GaP.

Réponses : **a)** R = 190 Ω ; **b)** R = 140 Ω.

6.3 Photodiodes

Les photodiodes convertissent l'énergie optique en énergie électrique. Le courant inverse d'une diode ordinaire est dû à la thermogénération de paires électron-trou dans la jonction PN et à proximité d'elle. La thermogénération d'une paire électron-trou, c'est le passage d'un électron de valence à la zone de conduction grâce à l'augmentation de son énergie thermique.

L'énergie nécessaire pour la création de paires électron-trou peut être fournie également par des photons. Pour ce faire, il faut exposer la jonction à une radiation lumineuse dont le spectre dépend de la largeur ΔW de la zone interdite du semi-conducteur. Le courant inverse de la diode dans ce cas s'accroît d'une composante appelée photo-courant I_L laquelle vient s'ajouter à la composante thermique I_S dite *courant à l'obscurité*.

N'importe quelle diode peur devenir photodiode, mais pour augmenter l'efficacité de la conversion, on fait l'anode très mince et par conséquent transparente pour les photons incidents, on choisit l'aire de la jonction plus grande et bien sûr, on utilise un boîtier transparent.

La figure suivante montre les caractéristiques statiques de la photodiode MRD821 du constructeur *Motorola* exposée à des différents flux énergétiques surfaciques E_v (attention, les échelles des tensions positives et négatives et des courants positifs et négatifs sont différentes!).

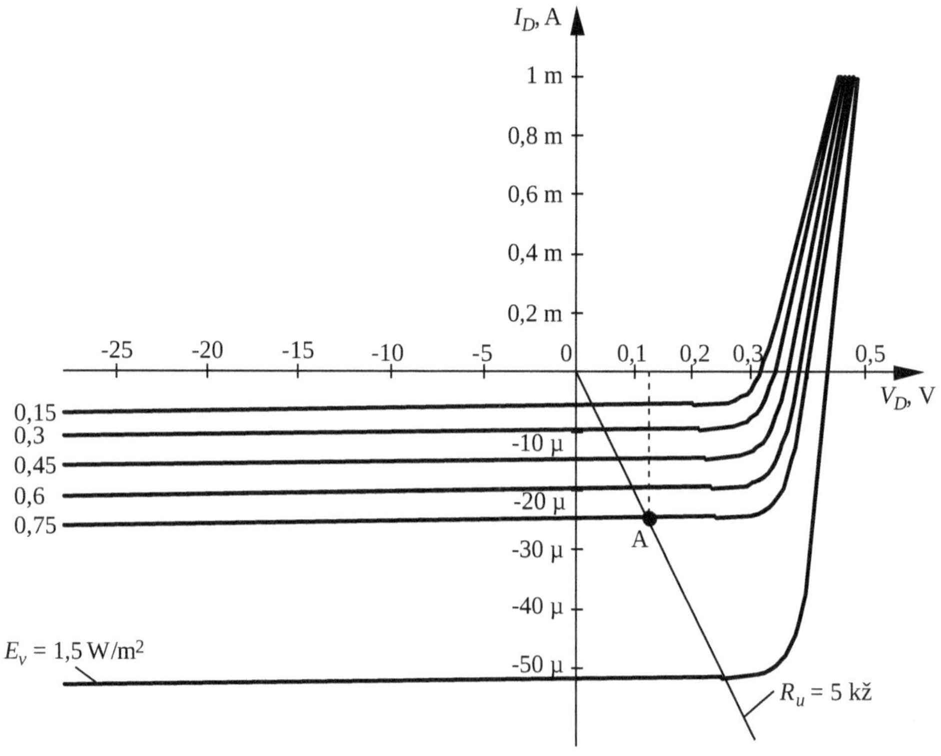

C'est une diode au silicium dont la sensibilité est maximale à λ = 940 nm (lumière infrarouge) :

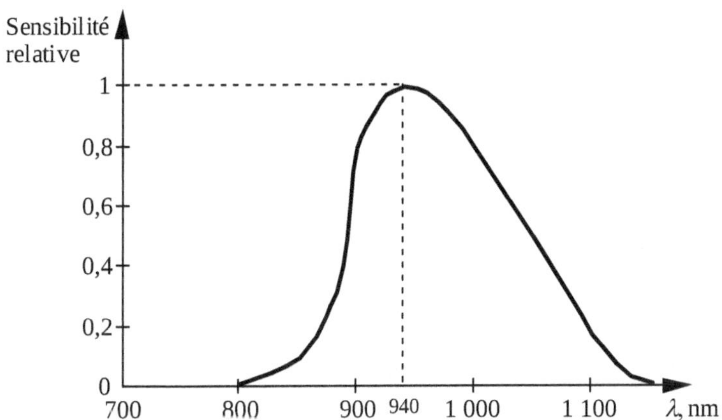

La sensibilité absolue $S = \frac{I_L}{E_v} \approx 35$ µA/(W/m²) et dépend légèrement de la tension inverse V_R appliquée à la diode :

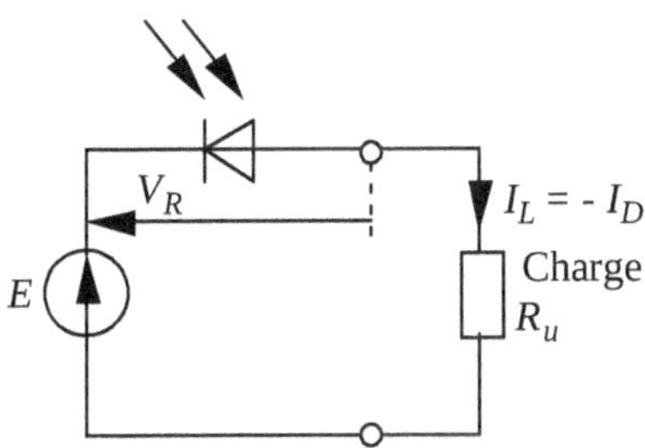

La sensibilité absolue, comme les flux énergétiques surfaciques E_v marqués sur les caractéristiques statiques de la photodiode, correspond à λ = 940 nm. Dans la pratique, pour les mesurer, on utilise comme source lumineuse un filament de tungstène porté à la température de 2 856 K. La caractéristique spectrale de cette source a un maximum à λ = 940 nm et s'étend de 600 à 2 000 nm au niveau 0,5. Pour déplacer le maximum, on change de température.

Le courant à l'obscurité I_S dépend de la tension inverse V_R et de la température T :

$I_S \approx I_{S0} e^{0,1(T-T_0)}$ où I_{S0} est le courant inverse à la température T_0.

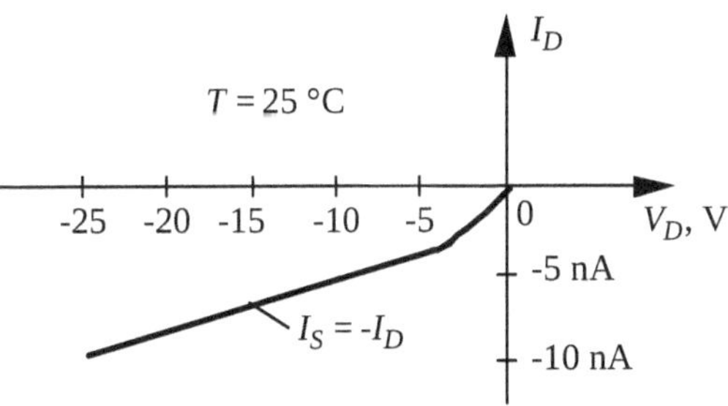

À des hautes températures et à des faibles flux énergétiques, I_S devient non négligeable devant le photo-courant I_L et doit être pris en compte ou compensé.

Les caractéristiques statiques des photodiodes sensibles à la lumière visible sont pareilles ; pour elles, le flux énergétique E_v est remplacé par l'éclairement (en lux).

Quand la tension appliquée sur la photodiode est nulle, elle peut être utilisée comme génératrice (*pile* ou *cellule photoélectrique*) :

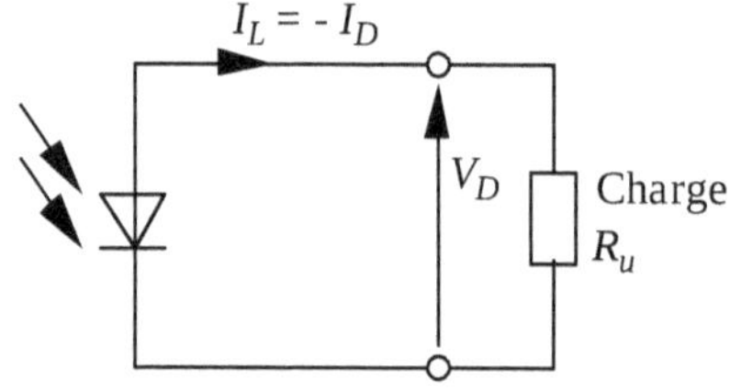

Le point de fonctionnement A d'une cellule photoélectrique, c'est le point de croisement de sa caractéristique statique à l'éclairement (ou au flux énergétique surfacique) donné et de la droite de charge $V_D = - I_D R_u$. Cette dernière est tracée sur les caractéristiques statiques de la diode MRD821 pour R_u = 5 kΩ. Les coordonnées du point de fonctionnement A pour E_v = 0,75 W/m^2 sont : $I_L = - I_D$ = 25 µA et V_D = 0,125 V. La puissance fournie à la charge R_u est $P_u = I_L V_D$ = 25 × 10^{-6} × 0,125 = 3,12 µW. Pour obtenir une puissance plus élevée, on branche plusieurs cellules en série et en parallèle. On obtient ainsi les panneaux d'alimentation des calculettes, mais aussi des satellites.

La caractéristique spectrale des cellules solaires est adaptée à la lumière de jour, tandis que la caractéristique spectrale de la photodiode MRD821 est adaptée à celle de la DEL infrarouge SFH416. En utilisant la DEL comme émetteur et la photodiode comme récepteur, on obtient un *opto-coupleur*. Le milieu qui les sépare peut être l'air, mais aussi un fibre optique. On produit des opto-coupleurs dans un même boîtier avec ou sans fente qui permet de barrer la route du flux émis par la DEL.

Les transistors ont aussi un courant inverse thermique qui peut être accru en les exposant à la lumière. On obtient ainsi un *photo-transistor* qui à conditions égales donne un photo-courant β fois plus grand que celui d'une photodiode.

Exercices à résoudre

6.3.1 Photodiode

La photodiode MRD821 dont les caractéristiques statiques sont données à la section 6.3 est polarisée en inverse à une tension V_D = - 15 V. Sa surface réceptrice est de 20 mm^2.

a) Trouver le flux énergétique surfacique qu'elle reçoit et le photo-courant I_L qu'elle fournit à la charge R_u si le flux énergétique qu'elle reçoit est de 12 µW.

Réponses : E_v = 0,6 W/m^2, I_L = 20 µA.

b) Calculer le courant à l'obscurité I_S à T = 50 °C, en utilisant sa caractéristique inverse à l'obscurité donnée à la section 6.3. Comparer à I_L.

Réponse : I_S = 85 nA = 0,0043I_L.

6.3.2 Cellule solaire

La photodiode MRD821 dont les caractéristiques statiques sont données à la section 6.3 est utilisée comme cellule solaire et reçoit un flux énergétique surfacique E_v = 1,5 W/m^2. Quels sont le courant, la tension et la puissance qu'elle fournit à une charge de 6 kΩ?

Réponses : I_L = 48 µA, V_D = 0,29 V, P_u = 13,9 µW.

Petit projet

6.3.3 Compte-tours (tachymètre)

Objectif

Concevoir et réaliser un circuit électronique qui mesure la vitesse de rotation et indique le sens de rotation d'un moteur.

Cahier des charges

(1) Le circuit doit être alimenté par une seule source $E = 5$ V.

(2) Il doit pouvoir mesurer des vitesses de rotation entre 300 et 3 000 tr/min et indiquer le sens de rotation.

(3) Le montage final doit être réalisé sur une plaque imprimée.

(4) Rechercher les solutions les plus économiques et les moins volumineuses.

(5) Rédiger un compte rendu comportant le cahier des charges, les schémas, les chrono-grammes des tensions, les résultats des calculs et des mesures, les dessins du circuit imprimé et de la construction mécanique, la nomenclature des composants, l'estimation du coût et des conclusions.

Suggestion de réalisation et consignes

Le schéma synoptique du circuit proposé et les chronogrammes des tensions sont donnés ci dessous.

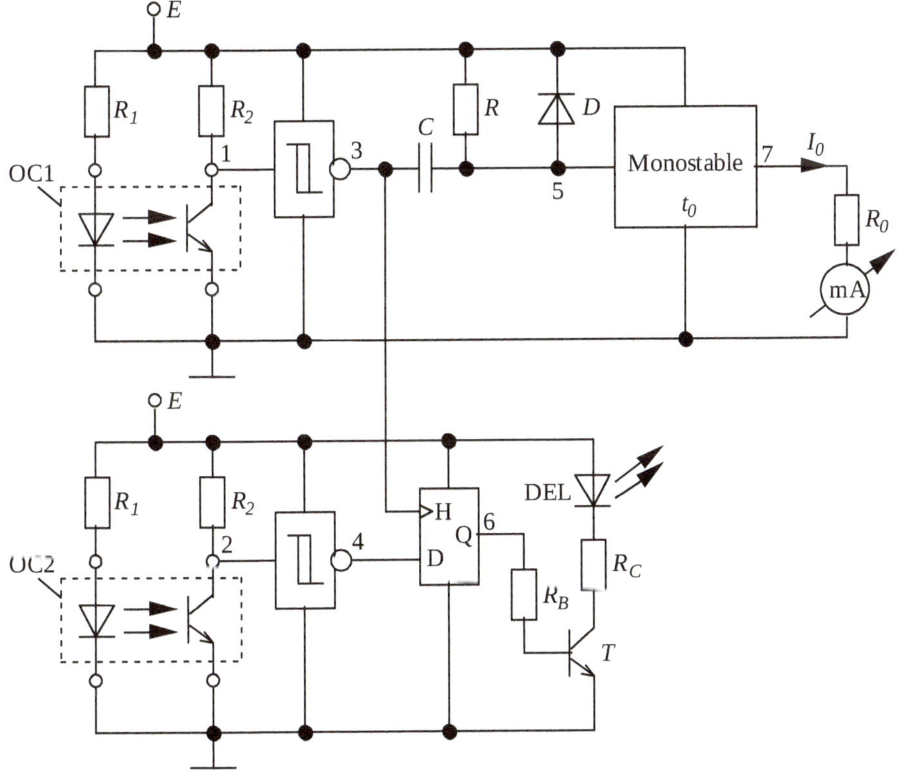

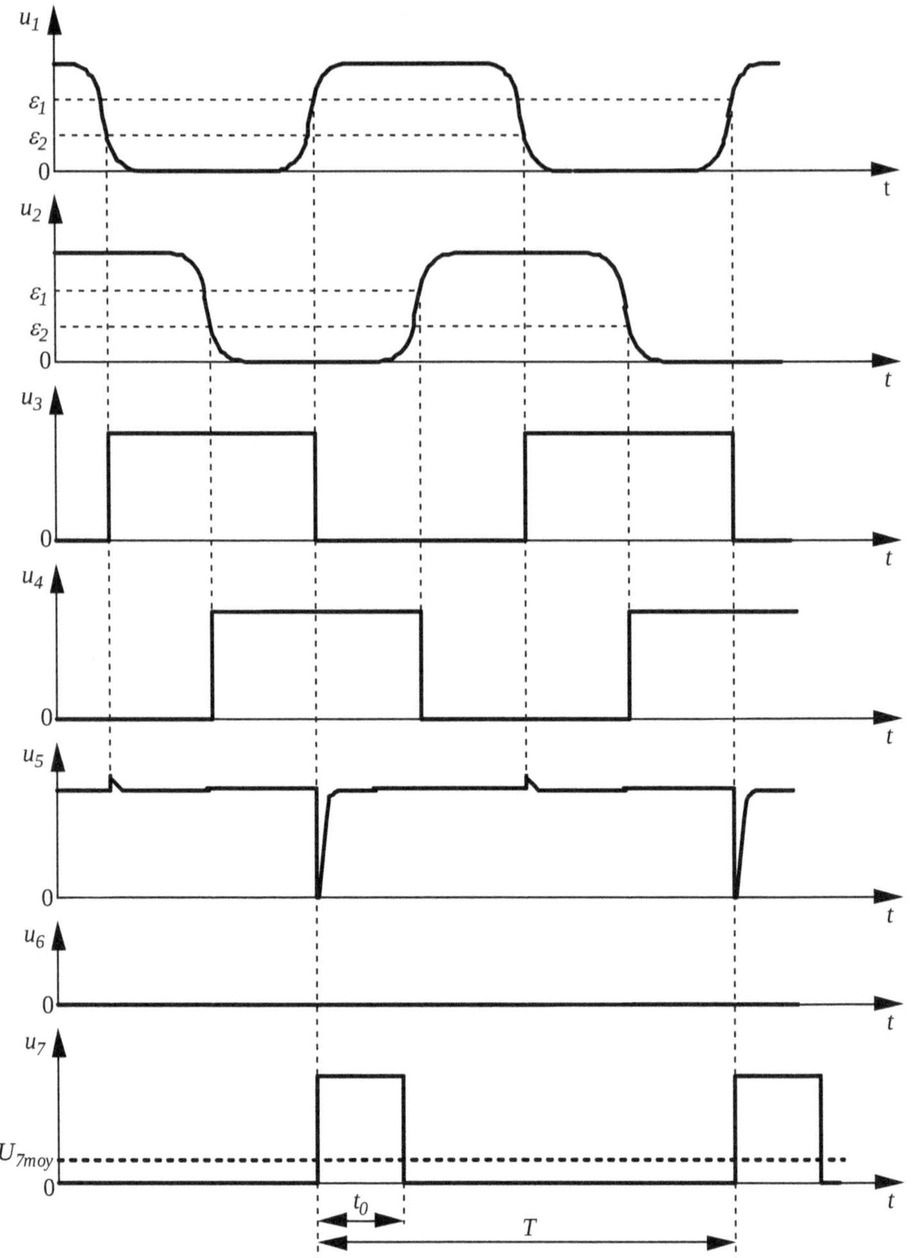

Le capteur est constitué d'un disque de plexiglas et de deux optocoupleurs (OC1 et OC2) à fente. Le disque est solidaire de l'arbre du moteur et comprend 4 secteurs de 90 ° alternativement transparents ou opaques à la lumières infrarouge. Sa périphérie passe par les fentes des optocoupleurs qui sont disposés à 45 ° l'un de l'autre.

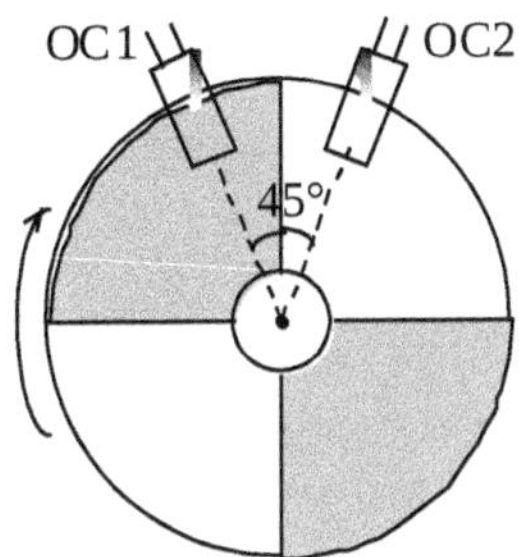

Les transistors des optocoupleurs fonctionnent en commutation. Les impulsions u_1 et u_2 de leurs sorties sont mises en forme par les bascules de Schmitt et appliquées aux entrées H (horloge) et D (données) de la bascule D. L'information à l'entrée D de cette bascule est transmise à sa sortie Q par le front montant de l'impulsion à l'entrée H. Quand le moteur tourne dans le sens indiqué, on obtient une tension u_6 constamment égale à zéro, le transistor T est bloqué et la DEL (rouge) est éteinte. Dans le sens inverse (non représenté sur les chronogrammes), on obtient une tension u_6 constamment égale à l'unité, le transistor T est saturé et la DEL est allumée

La tension u_3 est dérivée par le groupe *C-R-D* et déclenche le monovibrateur qui produit une impulsion de durée t_0 constante. Il est facile de voir que le rapport cyclique et la valeur moyenne de la tension u_7 en sortie du monovibrateur sont proportionnels à la fréquence de rotation f. Le milliampèremètre à aiguille mesure la valeur moyenne grâce à l'inertie de son système mécanique.

Les bascules sont de préférence CMOS, de n'importe quelle famille. Le monovibrateur est de type 555 bipolaire ou CMOS.

1 Confectionner le disque de plexiglas. Le monter sur l'arbre du moteur.

2 Choisir deux optocoupleurs à fente de même type. Élaborer un support mécanique qui peut les tenir aux endroits voulus.

3 Choisir les résistances R_1 et R_2 de façon à obtenir une commutation nette des transistors des optocoupleurs ; faire un essai sur la plaque à trous.

4 Concevoir le dérivateur d'impulsions rectangulaires et le monovibrateur de façon à obtenir une durée t_0 de ses impulsions légèrement inférieure à la période minimale T_{min} des impulsions venant du capteur (quel est le rapport entre cette période T et la fréquence de rotation f?).

5 Calculer la résistance R_0 de façon qu'à la fréquence maximale de rotation f_{max} le milliampèremètre affiche la valeur maximale du courant sur son cadran. Contrôler la fréquence de rotation par une génératrice tachymétrique et graduer le cadran en tr/min.

6 Calculer les résistances R_B et R_C de façon à assurer le fonctionnement du transistor T en commutation et le courant nécessaire à la DEL.

7 Essayer les deux voies séparément, puis ensemble sur une plaque à trous. Utiliser des supports pour les circuits intégrés et le système à aiguille. Relever les chronogrammes de toutes les tensions quand le moteur tourne dans un sens, puis dans l'autre. Ajuster les valeurs de certains composants si nécessaire.

8 Concevoir le circuit imprimé et réaliser le montage final (partie électronique et partie mécanique). Comparer les résultats des mesures avec celles d'une génératrice tachymétrique prise comme étalon.

Annexe A

AMPLIFICATEURS OPÉRATIONNELS

A1 Paramètres et caractéristiques

♦ Schéma synoptique

Un amplificateur opérationnel est le plus souvent constitué de trois étages branchés en cascade : un étage différentiel à sortie non symétrique, un étage émetteur commun (ou source commune) et un étage classe B :

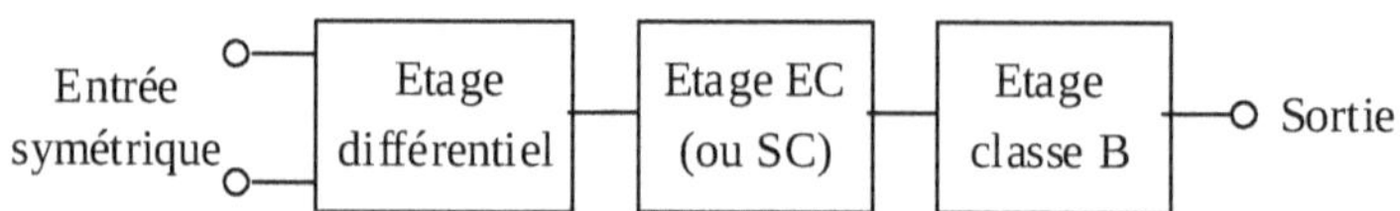

Comme chaque amplificateur, il doit avoir une grande résistance d'entrée et une petite résistance de sortie. L'étage classe B assure cette dernière. La grande résistance d'entrée est assurée par le choix astucieux des composants de l'étage différentiel (transistors ou associations de transistors à bêta élevé, des associations de transistors CC-EC (collecteur commun-émetteur commun) ou CC-BC (collecteur commun-base commune), ainsi que des transistors à effet de champ (TEC) ou MOS au lieu de transistors bijonction). Le choix d'un étage à entrée symétrique assure un très grand nombre d'applications possibles. Dans le même but, l'amplification, qui est assurée par les deux premiers étages, est énorme. Enfin, pour obtenir un taux de rejet des signaux de mode commun assez élevé (voir plus bas), il faut que l'étage différentiel qui l'assure soit maximalement symétrique, ce qui n'est pratiquement pas possible à obtenir avec des composants discrets. C'est pourquoi (mais pas seulement) les amplificateurs opérationnels sont exclusivement réalisés comme des circuits intégrés. Tous les éléments d'un circuit intégré sont fabriqués en même temps, sur le même substrat, avec des mêmes matériaux et sous mêmes conditions technologiques, ce qui permet d'obtenir des composants presque identiques.

Un amplificateur opérationnel est donc une puce de silicium, d'une épaisseur de 0,2 mm et d'une surface de quelques mm^2 environ, mise dans un boîtier à plusieurs broches. A part les broches d'entrée et de sortie, il y a deux broches pour l'alimentation et, parfois, des broches pour corriger les erreurs statiques et la réponse en fréquence.

On produit également 2 ou 4 amplificateurs opérationnels sur le même substrat et dans le même boîtier avec des broches d'alimentation communes.

Les symboles utilisés dans la littérature pour représenter un amplificateur opérationnel sont :

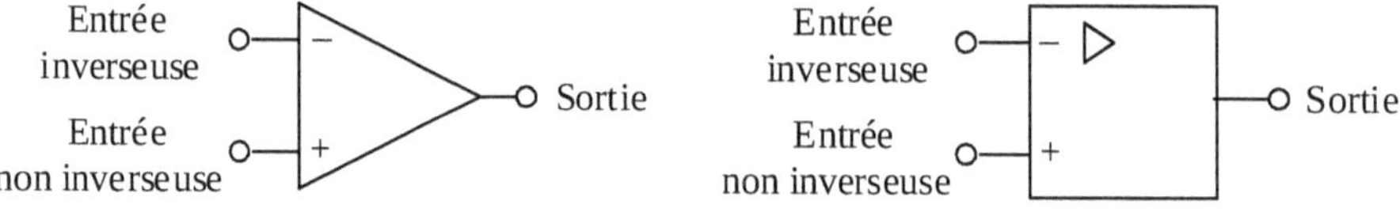

Ils ne comportent pas les broches supplémentaires, sauf exception.

Pour éviter les résistances de polarisation et les condensateurs de liaison, on utilise deux tensions d'alimentation symétriques. L'amplificateur opérationnel est un composant à couplage direct et sa fréquence de coupure basse est nulle. Autrement dit, il peut amplifier des signaux d'une fréquence très basse et même nulle.

Le nom de l'amplificateur opérationnel vient du fait qu'il est utilisé dans des circuits réalisant des opérations mathématiques (addition, soustraction, intégration etc.) sur des tensions. Mais le domaine de son application est beaucoup plus vaste.

♦Schéma équivalent petit signal

En régime linéaire (petit signal), l'amplificateur opérationnel se caractérise par sa résistance d'entrée r_e, sa résistance de sortie r_s et son amplification en tension à vide $A = \frac{u}{\varepsilon}$:

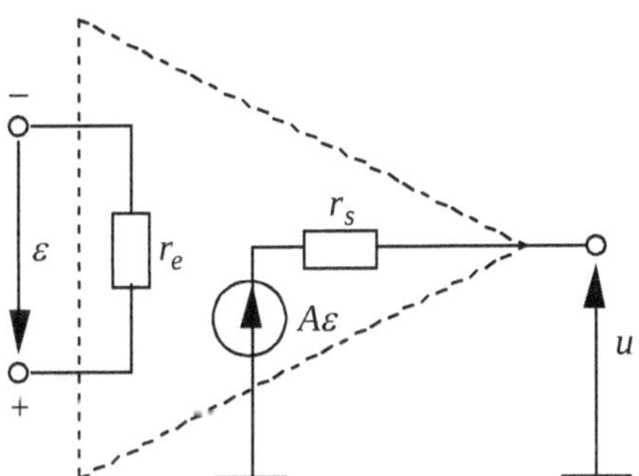

Fig. A1 Schéma équivalent linéaire d'un amplificateur opérationnel réel

À hautes fréquences, ces paramètres deviennent complexes.

La caractéristique de transfert dynamique u(ε) de l'amplificateur opérationnel est :

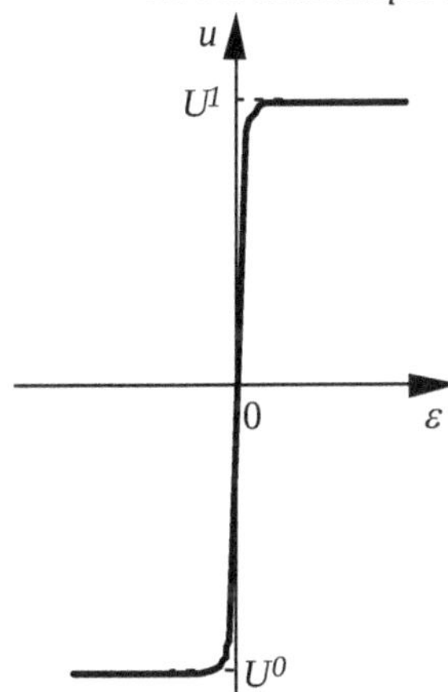

La tension de sortie u ne peut excéder les valeurs absolues des U^1 et U^0 dites *unité et zéro logiques* ou *tensions de saturation*. À vide, les tensions de saturation sont égales aux tensions d'alimentation ($U^1 = E_1$ et $U^0 = - E_2$). Avec charge, elles sont un peu plus basses en valeur absolue, car le transistor de sortie qui est passant constitue un diviseur de tension avec la charge. Le régime linéaire a lieu quand la tension de sortie u est proportionnelle à la tension différentielle d'entrée ε (epsilon). Le coefficient de proportionnalité est A ; c'est la pente de la partie abrupte de la caractéristique $u(\varepsilon)$. L'amplification A étant très grande ($A \geq 100\,000$), la partie abrupte de la caractéristique est presque verticale et en régime linéaire ε est inférieure à une centaine de microvolts. On prend le plus souvent $\varepsilon = 0$, ce qui correspond à $A \to \infty$. Ceci n'est vrai que si $U^0 < u < U^1$, c'est à dire, en régime linéaire (petit signal)!

En saturation, $u = U^1$ (ou $u = U^0$) et ne dépend pas de la tension d'entrée laquelle peut prendre des valeurs positives (ou négatives) considérables. L'amplification en tension est nulle (c'est la pente de la caractéristique $u(\varepsilon)$) et l'amplificateur opérationnel ne fonctionne pas en régime linéaire.

En régime linéaire, la résistance (différentielle) d'entrée r_e est très grande et la résistance de sortie r_s petite. Leur influence sur les paramètres des montages à amplificateurs opérationnels est négligeable et on prend habituellement $r_e \to \infty$ et $r_s = 0$.

♦Réponse en fréquence

Dans la plupart des cas, les amplificateurs opérationnels comportent un condensateur intégré qui corrige leur réponse en fréquence et réduit leur *fonction de transfert* à l'expression :

$$\underline{A} = \frac{A_0}{1 + j\frac{f}{f_h}},$$

où A_0 est l'amplification en tension à la fréquence $f = 0$ et f_h est la fréquence de coupure haute. C'est une fonction de transfert du premier ordre.

Les caractéristiques de transfert (module et phase) qui correspondent à cette expression, sont :

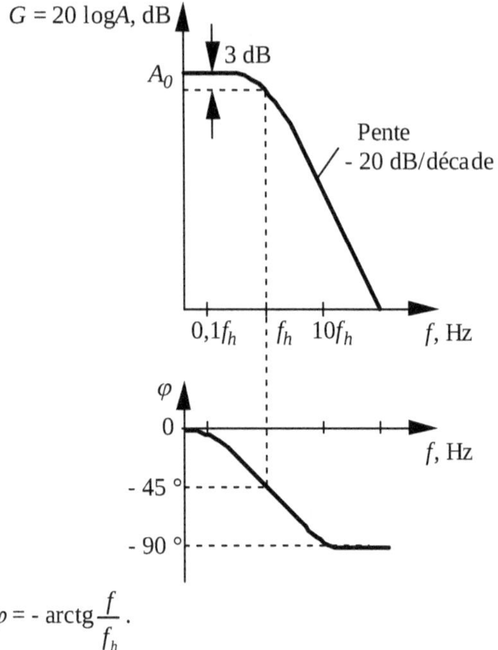

avec $A = \dfrac{A_0}{\sqrt{1+(\dfrac{f}{f_h})^2}}$ et $\varphi = -\operatorname{arctg}\dfrac{f}{f_h}$.

Pour l'amplificateur opérationnel type 741, f_h = 10 Hz ; au delà de f_h, le gain diminue de 20 dB par décade, ce qui signifie que le module A de l'amplification en tension diminue 10 fois (20 dB) quand la fréquence croit 10 fois (une décade). La courbe $A(f)$ est donnée dans les catalogues sous le nom *Open-Looped Voltage Gain as a Function of Frequency*. L'échelle pour A et f est logarithmique.

♦Erreurs statiques

On peut représenter les sources de signal aux entrées d'un amplificateur opérationnel dans un montage linéaire par leurs schémas équivalents de Thévenin e_1-R_{G1} et e_2-R_{G2} :

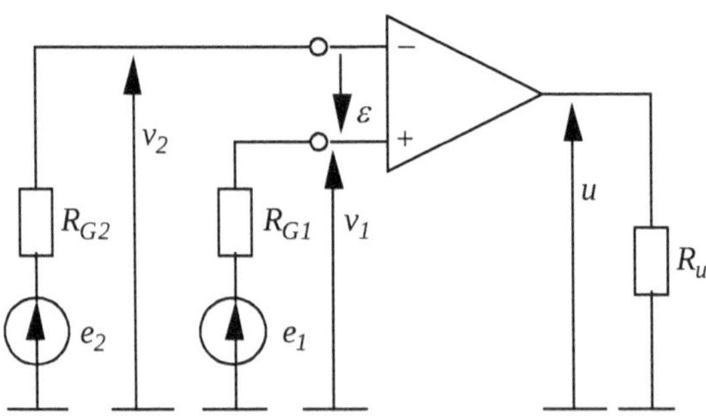

Fig. A2 Branchement de l'amplificateur opérationnel

En l'absence de signal (e_1 et e_2 court-circuitées), la tension u sur la charge R_u devrait être nulle. En réalité, on mesure en sortie une tension continue d'une valeur arbitraire se trouvant entre les tensions de saturation U^0 et U^1 ou égale à l'une d'elles. On l'appelle *tension de décalage de sortie*.

Elle est due à la non égalité des résistances de Thévenin R_{G1} et R_{G2} et aux dissymétries de l'étage différentiel d'entrée.

En effet, les courants de polarisation d'entrée d'un amplificateur opérationnel réel ne sont pas nuls ; ce sont par exemple les courants de base aux points de fonctionnement des transistors d'entrée. Si $R_{G1} \neq R_{G2}$, ces courants vont créer sur elles des tensions v_1 et v_2 différentes et donc une tension différentielle $\varepsilon = v_1 - v_2$ qui va être amplifiée et provoquera l'apparition d'une tension de décalage en sortie U_p. Pour annuler cette dernière, on s'efforce à assurer l'égalité entre les deux résistances de Thévenin :

$$R_{G1} = R_{G2}. \tag{A1}$$

Mais la tension U_p due aux courants de polarisation n'est que l'une des composantes de la tension de décalage de sortie et son annulation réduit mais n'annule pas cette dernière. L'autre composante est due aux dissymétries de l'étage différentiel. Si, par exemple, les bêta des transistors d'entrée ne sont pas égaux, les courants de collecteur seront différents même quand les courants de base sont égaux et la tension de sortie ne sera pas nulle. Les dissymétries entre les caractéristiques d'entrée des transistors ou entre les résistances branchées aux collecteurs produisent le même effet.

Pour juger de la qualité des amplificateurs opérationnels, on introduit les notions *courant de polarisation d'entrée* I_{BIAS} (*Input Bias Current*), tension de décalage d'entrée U_{0S} (*Input Offset Voltage*) et courant de décalage d'entrée I_{0S} (*Input Offset Current*).

La tension de décalage d'entrée U_{0S} est la tension continue qu'on doit appliquer entre les deux entrées de l'amplificateur opérationnel pour annuler la tension de décalage de sortie. Cette tension est de 5 à 10 mV (< 1 mV pour les amplificateurs opérationnels de précision).

Le courant de décalage d'entrée I_{0S} est le courant continu qu'on doit injecter entre les deux entrées de l'amplificateur opérationnel pour annuler la tension de décalage de sortie. Sa valeur ne dépasse pas quelques centaines de nanoampères. Les valeurs maximales de I_{BIAS}, U_{0S} et I_{0S} figurent dans les catalogues.

La tension de décalage de sortie change le point de fonctionnement de l'étage de sortie de l'amplificateur opérationnel jusqu'à sa saturation, ainsi que la composante continue du signal de sortie. Elle doit être impérativement annulée dans la plupart des cas. Pour ce faire, on procède de manière suivante. On assure l'égalité des résistances de Thévenin branchées aux deux entrées de l'amplificateur (voir (A1)) ; il s'agit des résistances ohmiques, car cette égalité doit avoir lieu en continu. On réalise le montage et on branche entre les broches "Offset Null" un potentiomètre, le curseur lié à l'alimentation $-E_2$:

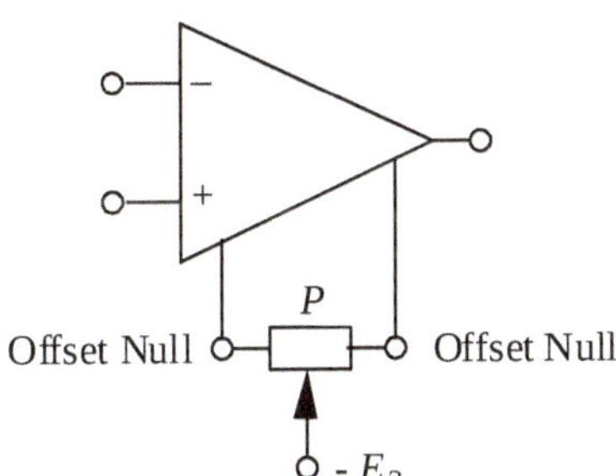

La résistance nominale recommandée du potentiomètre est indiquée par le constructeur de l'amplificateur opérationnel. Pour le 741 par exemple, elle est de 10 kΩ, et pour le TL081, de 100 kΩ.

Les deux parties réglables de la résistance du potentiomètre sont branchées en parallèle aux résistances de charge de l'étage différentiel et introduisent des dissymétries qui compensent l'effet des autres dissymétries de l'étage. Le réglage se fait en l'absence de signal (e_1 et e_2 court-circuitées, mais pas R_{G1} et R_{G2}) jusqu'à l'annulation de la tension de décalage de sortie, mesurée par un voltmètre CC.

La procédure s'appelle *compensation de l'offset.*

L'annulation de la tension de décalage de sortie à l'aide du potentiomètre, sans respecter (A1), quoique possible dans beaucoup de cas, n'est pas recommandée, car la composante U_p est habituellement très grande et demande l'introduction d'une grande dissymétrie pour être compensée. Ceci détériore le *TRMC* de l'amplificateur lequel dépend des dissymétries.

♦Taux de rejet des signaux de mode commun *TRMC* (common mode rejection ratio ou *CMRR* en anglais)

Le *TRMC* de l'amplificateur opérationnel est donné par la formule:

$$TRMC = \frac{A}{A_{MC}}.$$

Ici $A = \frac{u}{\varepsilon}$ est l'amplification du signal différentiel d'entrée $\varepsilon = v_1 - v_2$ et $A_{MC} = \frac{u}{v_{MC}}$ – l'amplification du signal de mode commun d'entrée $v_{MC} = \frac{v_1 + v_2}{2}$ (voir fig. A2).

Attention ! La tension *u* dans ces deux formules n'est pas la même. En effet, il s'agit des deux composantes inséparables de la tension de sortie: la première est due au signal utile ε, et la deuxième – au signal inutile v_{MC} ; pour un amplificateur opérationnel idéal, la deuxième composante est nulle, $A_{MC} = 0$ et *TRMC* est infiniment grand.

Le *TRMC* figure toujours dans les catalogues. Sa valeur se trouve habituellement entre 80 et 110 dB.

♦Courant de sortie maximal

Ce courant dépend de la puissance maximale que le composant peut dissiper. Il a une valeur typique de 20-30 milliampères pour les amplificateurs opérationnels à usage général, et supérieure à 100 milliampères (parfois 2 ou 3 ampères) pour les amplificateurs opérationnels de puissance. En cas de dépassement de ce courant (par exemple à cause d'un court-circuit entre la sortie et la masse), un circuit de protection incorporé se déclenche et limite sa valeur en préservant ainsi l'amplificateur d'un endommagement. Mais le montage cesse de fonctionner correctement.

Le courant de sortie maximal I_{sc} (*Output Short-circuit Current*) est donné toujours dans les catalogues. Il détermine la valeur minimale de la résistance de la charge R_u, mais aussi les valeurs minimales des autres résistances branchées à la sortie de l'amplificateur opérationnel.

♦Amplificateur opérationnel idéal (parfait)

C'est un amplificateur qui a une amplification en tension *A*, une résistance d'entrée r_e, une bande passante $\Delta f = f_h$ et un taux de rejet des signaux de mode commun *CMRR* infiniment grands, ainsi qu'une résistance de sortie r_s et une tension de décalage de sortie nulles. Par conséquent, la tension différentielle d'entrée ε et les courants d'entrée d'un tel amplificateur sont nuls.

Supposer qu'un amplificateur opérationnel est idéal permet de simplifier les analyses sans que l'erreur soit significative, sauf pour la tension de décalage de sortie et la bande passante. On résout ce problème en procédant à la compensation de la tension de décalage de sortie et en choisissant un amplificateur opérationnel d'une bande passante assez large (le choix dépend du circuit concret).

A2 Montages amplificateurs de base

Montage inverseur

Comme chaque amplificateur, ce montage se caractérise par son amplification en tension $\underline{A}_v = \dfrac{\underline{U}}{\underline{V}}$, son impédance d'entrée $\underline{Z}_e = \dfrac{\underline{V}}{\underline{I}_e}$ et son impédance de sortie $\underline{Z}_s = \dfrac{\underline{U}}{\underline{I}_s}\bigg|_{\underline{V}=0}$. Si l'amplificateur opérationnel est idéal, la tension $\underline{\varepsilon}$ et ses courants d'entrée sont nuls. Le potentiel de l'entrée inverseuse est égal à zéro, mais elle n'est pas liée à la masse ; c'est une *masse virtuelle*. Le même courant $\underline{I}_e$ passe par $\underline{Z}_1$ et $\underline{Z}_2$. De la loi d'Ohm, il suit que $\underline{I}_e = \dfrac{\underline{V}}{\underline{Z}_1} = -\dfrac{\underline{U}}{\underline{Z}_2}$, donc

$$\underline{A}_v = \frac{\underline{U}}{\underline{V}} = -\frac{\underline{Z}_2}{\underline{Z}_1}, \tag{A2}$$

$$\underline{Z}_e = \frac{\underline{V}}{\underline{I}_e} = \underline{Z}_1. \tag{A3}$$

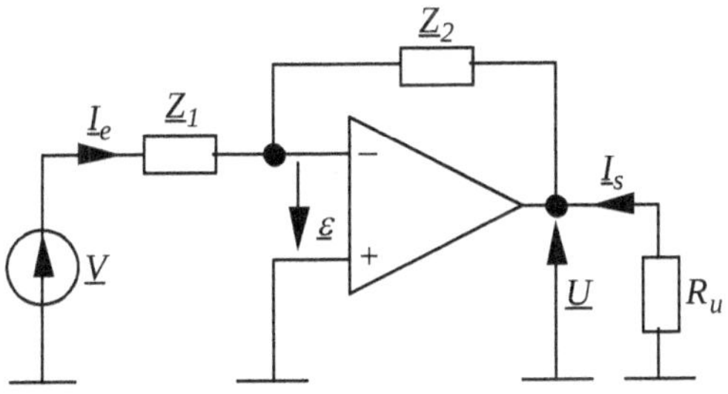

Fig. A3 Montage inverseur

Les tensions de sortie et d'entrée sont en opposition de phase, d'où le nom du montage.

Pour trouver l'impédance de sortie, on doit éteindre le générateur de signal $\underline{V}$, substituer un générateur de signal $\underline{U}$ à la charge R_u et remplacer l'amplificateur opérationnel par son schéma équivalent linéaire. Cette fois, il sera opportun d'utiliser le schéma équivalent réel (voir fig. A1) et, une fois déduction faite, mettre dans le résultat $A \to \infty$, $r_e \to \infty$ et $r_s = 0$. Le schéma équivalent du montage à analyser sera alors :

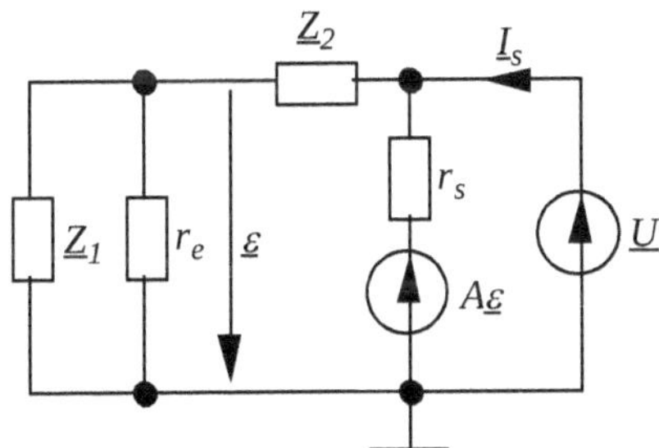

N'oublions pas que la tension $\underline{\varepsilon}$ d'un amplificateur opérationnel réel, quoique petite, n'est pas nulle. La loi de Kirchhoff appliquée aux nœuds de sortie et d'entrée donne :

$$\underline{I}_s = \frac{\underline{U} - A\underline{\varepsilon}}{r_s} + \frac{\underline{U} + \underline{\varepsilon}}{\underline{Z}_2},$$

$$\frac{\underline{U}+\underline{\varepsilon}}{\underline{Z}_2} + \frac{\underline{\varepsilon}}{\underline{Z}_1 \| r_e} = 0.$$

En éliminant $\underline{\varepsilon}$ de ce système d'équations, on trouve :

$$\underline{Z}_s = \frac{\underline{U}}{\underline{I}_s} = \frac{1}{\dfrac{1}{r_s} + \dfrac{1}{\underline{Z}_2} + \dfrac{\dfrac{A}{r_s} - \dfrac{1}{\underline{Z}_2}}{\dfrac{\underline{Z}_2}{\underline{Z}_1 \parallel r_e} + 1}} = \frac{r_s}{1 + \dfrac{r_s}{\underline{Z}_2} + \dfrac{A - \dfrac{r_s}{\underline{Z}_2}}{\dfrac{\underline{Z}_2}{\underline{Z}_1 \parallel r_e} + 1}}. \qquad \text{(A4)}$$

Si $r_s = 0$, $A \to \infty$ et $r_e \to \infty$ (amplificateur opérationnel idéal), $\underline{Z}_s = 0$.

A.N. Pour le 741, on a $r_s = 75\ \Omega$, $r_e = 2\ \text{M}\Omega$ et $A = 2 \times 10^5$ à basses fréquences. Si $\underline{Z}_1 = 10\ \text{k}\Omega$ et $\underline{Z}_2 = 330\ \text{k}\Omega$, on calcule :

$$\underline{A}_v = -\frac{\underline{Z}_2}{\underline{Z}_1} = -\frac{330}{10} = -33,$$

$$\underline{Z}_e = \underline{Z}_1 = 10\ \text{k}\Omega \text{ (réelle)},$$

$$\underline{Z}_s = \frac{r_s}{1 + \dfrac{r_s}{\underline{Z}_2} + \dfrac{A - \dfrac{r_s}{\underline{Z}_2}}{\dfrac{\underline{Z}_2}{\underline{Z}_1 \parallel r_e} + 1}} = \frac{75}{1 + \dfrac{75}{330 \times 10^3} + \dfrac{2 \times 10^5 - \dfrac{75}{330 \times 10^3}}{\dfrac{330 \times 10^3}{10^4 \parallel 2 \times 10^6} + 1}} = 0{,}0128\ \Omega.$$

L'impédance de sortie est vraiment très petite (beaucoup plus petite que r_s) et peut être prise égale à zéro. Et c'est généralement le cas.

Montage non inverseur

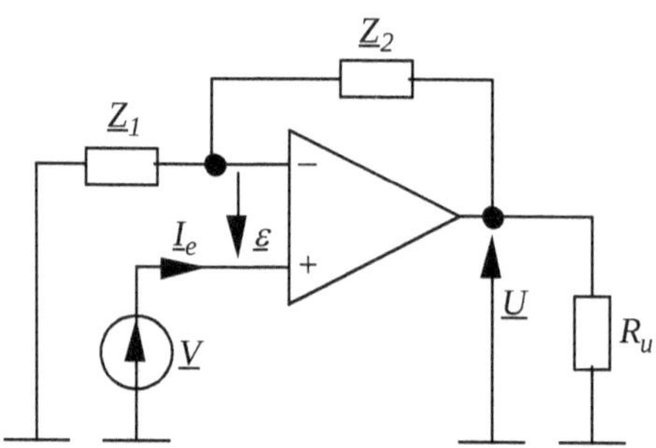

Fig. A4 Montage non inverseur

Si l'amplificateur opérationnel est idéal, la tension ε et ses courants d'entrée sont nuls ; par conséquent, le potentiel de l'entrée inverseuse est égal à $\underline{V}$, et les courants à travers les impédances $\underline{Z}_1$ et $\underline{Z}_2$ sont égaux : $\dfrac{\underline{U} - \underline{V}}{\underline{Z}_2} = \dfrac{\underline{V}}{\underline{Z}_1}$, d'où on trouve l'amplification en tension :

$$\underline{A}_v = \frac{\underline{U}}{\underline{V}} = 1 + \frac{\underline{Z}_2}{\underline{Z}_1}. \qquad \text{(A5)}$$

Pour un amplificateur opérationnel idéal $r_e \to \infty$, $r_s = 0$ et on obtient $\underline{Z}_e \to \infty$ et $\underline{Z}_s = 0$.

Les tensions de sortie et d'entrée sont en phase, d'où le nom du montage.

L'avantage principal du montage non inverseur devant le montage inverseur est son énorme impédance d'entrée. Mais il est sensible aux signaux de mode commun, car aucune de ses entrées n'est liée à la masse.

Montage suiveur (tampon

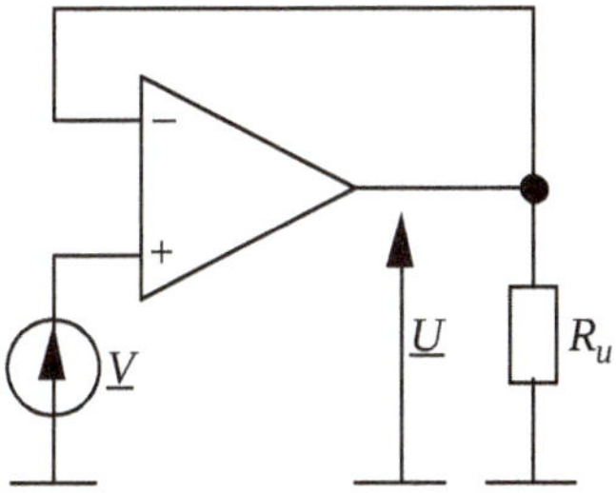

Fig. A5 Montage suiveur

Ce montage peut être considéré comme un cas particulier du montage non inverseur, avec $\underline{Z}_1 \to \infty$ et $\underline{Z}_2 = 0$. Son amplification en tension est juste égale à l'unité (voir (A5)) : la tension de sortie $\underline{U}$ "suit" la tension d'entrée $\underline{V}$. Son impédance d'entrée est énorme et son impédance de sortie est presque nulle. C'est un adaptateur d'impédances ou *tampon* idéal qui sépare complètement le générateur de signal d'entrée et la charge.

En cas où la résistance de Thévenin R_0 du générateur de signal d'entrée n'est pas négligeable, on branche une résistance $R_2 = R_0$ entre l'entrée inverseuse et la sortie :

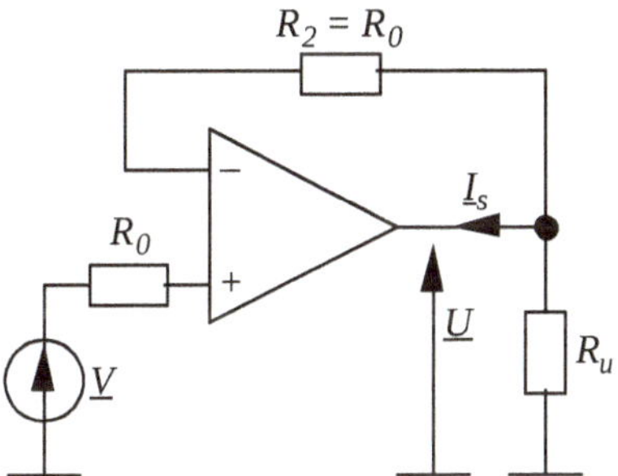

En l'absence de signal, R_2 est "liée" à la masse, elle est donc égale à la résistance de Thévenin branchée à l'entrée inverseuse. L'équation A1 étant respectée, la composante U_p de la tension de décalage de sortie due aux courants de polarisation d'entrée se trouve annulée et la tension de décalage de sortie, minimisée.

Il est facile de vérifier que la résistance R_2 n'a aucune influence pratique sur l'amplification, la résistance d'entrée et la résistance de sortie du montage.

Pour annuler complètement la tension de décalage de sortie, il faut utiliser un potentiomètre (voir plus haut).

www.ingramcontent.com/pod-product-compliance
Lightning Source LLC
LaVergne TN
LVHW012349220826
846091LV00016B/4182

9781692217594